再生悦楽

ぼくのオーディオ回想

Isao Yanagisawa

柳沢功力

装丁　塚本健弼
写真　相澤利一

著者近影

December 2019

Stereo

Herbert von Karajan
mark levinson

Turntable	TechDAS	Air Force One
Tonearm	SAT	SAT Pickup Arm
Phono Cartridge	TechDAS	TDC01 Ti
Tonearm	FIDELITY-RESEARCH	FR64S
Phono Cartridge	PRESENCE AUDIO	London Jubilee

Super Tweeter	MEWON	TS001 Excellent II
Tweeter	GEM	TS208 Excellent II × 2
Mid-Range	TAD	TD4001 (compression driver)
		TH4001 (horn)
Woofer	ALTEC	416A
		620A (only enclosure)
Power Amplifier	MARK LEVINSON	ML2L (Mid-Range)

Phono Equalizer　HSE SWISS　Masterline 7

Preamplifier　MARK LEVINSON　No 52

SACD/CD Player ACCUPHASE DP950+DC950
Digital Voicing Equalizer ACCUPHASE DG58

Digital Frequency Dividing Network	ACCUPHASE	DF65
Power Amplifier	VIOLA	Forte II（Super Tweeter）
	KRELL	KSA50S（Tweeter）
	ACCUPHASE	A65（Woofer）

TechDAS

使用装置一覧（December 2019）

Super Tweeter	MEWON	TS001 Excellent II
Tweeter	GEM	TS208 Excellent II × 2
Mid-Range	TAD	TD4001（compression driver）
		TH4001（horn）
Woofer	ALTEC	416A
		620A（only enclosure）
Turntable	TechDAS	Air Force One
Tonearm	SAT	SAT Pickup Arm
Phono Cartridge	TechDAS	TDC01 Ti
Tonearm	FIDELITY-RESEARCH	FR64S
Phono Cartridge	PRESENCE AUDIO	London Jubilee
Phono Equalizer	HSE SWISS	Masterline 7
SACD/CD Player	ACCUPHASE	DP950+DC950
Preamplifier	MARK LEVINSON	No 52
Digital Voicing Equalizer	ACCUPHASE	DG58
Digital Frequency Dividing Network	ACCUPHASE	DF65
Power Amplifier	VIOLA	Forte II（Super Tweeter）
	KRELL	KSA50S（Tweeter）
	MARK LEVINSON	ML2L（Mid-Range）
	ACCUPHASE	A65（Woofer）

再生悦楽

ぼくのオーディオ回想

目次

再生悦楽

ぼくのオーディオ回想

はじめに

「趣味は何ですか?」の質問は、まだあまり深い付き合いではない間柄同士が、話のきっかけを見つける意味などからもよく交わされる言葉だ。そんなときぼくは、当然といった顔つきで「オーディオ」と答える。すると相手は「それは仕事でしょう」と言う。だからぼくは「そうですが、でも同時に唯一の趣味でもあるんです」と返す。そして「趣味と仕事が同じでは駄目でしょうか?」と。すると大抵の人は「とんでもない大いに結構ですよ。それは最高に幸せですね」と言ってくれる。実際にぼくもそう思っている。

オーディオ以外に、趣味とは言えないまでも好きなことはと言えば、学生の頃からの写真撮影や犬を飼うことぐらいだ。でも写真だって、出掛けるときは必ずカメラを持って行くといった程度だし、犬も、常に飼っているというわけではない。

オーディオに関しては、収入源がそこにあるのだから仕事に違いないが、意識としてはほぼ完全に趣味であって、その意味でぼくの仕事は実に楽しい。そのオーディオとぼくが出会ってからすでに半世紀以上になる。その間、こんなことは考えたこともなかったのだが、先般、「ステレオサウンド」誌の編集部から「柳沢功力のオーディオ史、のような連載原稿が書けないか」と持ちかけられた。

この決断には2ヵ月近くもかかったが、ようやく「やってみよう」との結論に達した。なにしろ50年以上も前のことを、まず想い出すことからはじめるわけだから、年代の間違いや出来事の勘違いなども多々生じるに違いなく、正確を期せるかの自信もない。いやそれ以上に、読者諸氏に面白く読んでいただけるものが書けるかの自信もないのが事実だ。

それに、すでに「ステレオサウンド」誌上などで、何かの折りに紹介した話が再び登場するといったことも生じかねないと思うが、そのような至らぬてんは、なにぶんにもご容赦いただきたい。

なお本書は、2017年6月発売の季刊「ステレオサウンド」誌203号から、2019年12月発売の213号までの計11回にわたる連載記事を、改めて一冊にまとめたものだ。また当書では連載本文のほかに、途中ひと息いれていただく意味から、計4題の「閑話」を挿入させていただいた。これも同時にお楽しみいただけると誠に幸甚。

第一章　〜1964

序・ぼくのオーディオ前史

ＬＰレコードの誕生

あの頃のぼくのオーディオを本格的と呼ぶのは、さすがに少々照れくさいのはたしかだ。でも人から「本格的にオーディオをはじめられたのは、いつ頃から？」などと問われたりすれば、「うーん」と多少勿体ぶりながら「あれはたしか１９６４年だったかな」などと答えている。ぼくは１９３８年生まれだから26歳の頃になる。

でもこれは、オーディオマニアの中では少々出遅れ組の一人だ。マニアを自認するオーディオ好きな方々の多くは、少なくも20歳ぐらいまでにはオーディオの魅力の洗礼を受けていた。いや、中には中学生や小学生の頃から、鉱石ラジオにはじまって真空管ラジオづくりに進み、やがてアンプの自作に熱中して、オーディオマニアの第一歩をあゆみはじめた人もおられる。

ＬＰレコードがアメリカで発売されたのは１９４８年だが、まだ戦後間もない日本ではＬＰレコードなどほとんど見ることも聴くこともできなかった。１９５０年にぼくが中学に入ったときも、放送室にあったのは古いＳＰレコードと全校放送用のアンプにつながれた電気蓄音器だった。だから音楽の時間にレコードを聴かせるときなどは、ＳＰレコードと手巻きの蓄音器を先生が音楽室に持ち込んでくる。

こんなときに聴いた曲として、ベートーヴェンのピアノ・ソナタ「月光」の第1楽章や、30cmSP盤の両面でおさめた、ラヴェルのバレエ音楽「ボレロ」などが記憶に残る。

クラシック音楽にはあまり馴染みがなかったぼくも、はじめて聴くそれらの曲に「いい音楽だな」と耳を傾けていると授業終了のベルが鳴り響く。すると音楽担当の女の先生は直ちにレコードを止め、金切り声を張り上げて「来週までに感想文を書いてくるように!」と命ずる。かくして多くの音楽嫌いを生み出していたのが、当時の音楽教育だったのだ。

ちなみに「SPレコード」という呼び名は正式なものではないとのこと。当時、日本にLPレコードが登場したとき、その「Long playing」に対し、従来からのレコードを「Standard playing」と区別してSPレコードと呼ぶようになったという、日本だけで通用する名称とのことだ。

このSPレコードが日本のレコード屋の店頭から消えはじめ、新しいLPレコードに代わるようになりだしたのは、終戦後10年に近い1954~55年頃からではなかろうか。もちろん経済的に恵まれていたレコード愛好家の方々は、早くから苦労して海外盤を入手しておられたようだが、これは例外中の例外だ。

中学を出たぼくは普通科の高校に入学したが、その頃から興味を持ちはじめたスナップ写真の撮影や、写真部の暗室に籠もってのフィルム現像や焼き付けなどにばかり熱中。加えて風景画のスケッチや、映画、落語などにものめり込むなどで、次第に授業にはあまり出席しなくなる様だったから、2年生までは進めたものの3年への進級は無理と判明。

それなら最初からやり直せばいいと、1年生から別の高校に入り直した。

今度は普通科ではなく工業高校で、しかもそこには東京で唯一の図案科（現在はデザイン科）というクラスがあった。もちろんぼくが入ったのはその図案科である。今にして思えば、こうして2年間のロスは生じたものの、この新たな高校への入学が、のちにぼくとオーディオを巡り合わせる結果につながるのだから、人生とは面白いものではないか。

この間にレコード屋の店頭風景が急変しはじめた。店先からぽつぽつとSPレコードが姿を消し、その代わりに新しいLPレコードが目立ちはじめたと思ったら、まさに「アッ」と言う間にレコードはLPばかりになった。戦後10年を耐え忍んだ日本に、例の高度経済成長期なるものが到来したのである。

LPレコードの普及はそれまでのSP盤用の蓄音器や電蓄から、新しいLPレコード用システムへの買い替えを迫ることになる。したがって各家電メーカーや音響メーカー（まだオーディオという言葉は使われなかった）は一斉に、LPレコードも再生できる新型システムを発売。電器店の店頭には各社からのそうした新製品が溢れはじめた。

ぼくが新たに入った学校へ通うには、我が家から路面電車の都電に乗り、秋葉原で別の都電に乗り換える必要がある。そこは秋葉原のメインストリートと、神田川沿いにお茶の水のほうに向かう道との交差点で、当時は現在以上に右も左も電器店がぎっしり連なっていた。その頃は商店も早くから店を開けていたので、通学の往きと帰りにそんな店頭風景を眺めることになる。

その結果として、それまでレコードにはほとんど興味がなかったぼくも、乗り換えの合間に店を覗いてみたり、ときにはデモっている音に耳を傾けてみたり、あるいはもっと裏のほうの店にも足をのばしてみたりなどで、次第にぼくとレコードとの距離が縮まりはじめてきた。とは言っても我が家にはLPレコードが聴ける装置などなかった。

店頭に並んでいるそれらの製品の多くは、プレーヤーとアンプとスピーカーを一体にしたもので、小型のデスクトップ型から、コンソール型と呼ばれた据え置きタイプまでの各種があり、いずれもAMラジオを内蔵(FM放送はまだスタートしていなかった)。このデスクトップ型の安い部類で値段は2万円前後から。コンソール型になると10万円近くからで、上は20~30万円程度の感じだ。

ちなみに当時の大卒男子の平均的な初任給は1万3千円前後だった。

当時の我が家で音楽が聴ける機械と言えば5球スーパーのAMラジオだけだった。ある日、遊びに来た兄の友人がそのラジオを見て、「プレーヤーだけ買ってくれれば、このラジオでLPが聴けるようにしてやる」と言う。彼はすでに大学を出ていたが高校の頃からラジオいじりが好きで、自宅でも最近、自作のラジオを改造してレコードが聴けるようにしたとのこと。「LPレコードはいいぞ、片面で30分も聴けるのだから」と言う。

ラジオの改造にはあまり費用がかからないからプレーヤーだけあればいいと言うので、早速いつもの秋葉原の店で、当時そんな用途のために供給されていた「免税プレーヤー」と呼ばれる品物を購入。

当時はレコード鑑賞が贅沢な行為とみなされていて、プレーヤーにも贅沢品にかける物品税が課税されていた。だがこれには価格の低限があり一定額以下の製品は対象とならず、これを免税プレーヤーと呼んだ。言葉を換えれば「安物プレーヤー」との意味で、たしか3千円ぐらいまでだったかと思う。

買ってきたプレーヤーはオール樹脂製のコンパクトなものだが、ターンテーブルだけは20cm径程度の鉄板プレス製。樹脂製のトーンアームは全体が弓状に反っている、バナナ型とも呼ばれた針圧一定のダイナミックバランス型。カートリッジは、先端のつまみを回転させると針先がSP盤用とLP盤用に切り替わる、ターンノーバー式と称するセラミック型。LPレコードの発売を追うように、45回転のシングル盤やEP盤も登場したので、回転数は33／45／78の3スピード切替えだった。

これによって、ともかく我が家でもLPレコードが聴けるようになった。ただし、まさかこれを冒頭で述べた「初の本格的なオーディオ」などと言っているのではない。それはもっと後のことだ。

しかしこのシステムを得たことで、それまでまったく無縁だったLPレコードが、意識としては身近な存在になる。新譜の30㎝盤などはほとんど買うことはできなかったが、中古レコード店には通うようになった。これが1956〜57年ごろだから、レコード再生もすでにステレオ時代を目前にしていたわけだ。

ステレオ時代の到来

図案科卒業生の3分の1ぐらいは進学希望者で、多くが目標としたのは芸大（国立東京芸術大学）のデザイン科だった。だが合格は容易ではない。

その頃の芸大デザイン科の入学試験は一次試験が石膏デッサン。食パンを消しゴム代わりにし、ツゲやヤナギの小枝などを焼いた木炭で石膏像を写生するあれだ。この一次試験で受験生は半分以下ぐらいになり、そして二次試験が学科。こんな方式がずっとつづいていたので受験生はみなデッサンに励む。学校だけでは足りないので放課後は美術系の予備校に通い、ここでもデッサンに励む。

ところが我々が高校2年生になったとき、突然、学科が一次試験でデッサンは二次試験に変更された。理由は不明だったが、デッサンが一次試験だと女子学生の一次試験合格者が少なくなりすぎるからとの話もあった。

その年の入試は大混乱で、一次試験合格者の大半がそれまでとは逆に女子学生という結果になった。男の学生もあわてて学科の勉強に励んだのだが、すでに焼け石に水だったわけだ。二次試験のデッサンでは男子学生が有利だったとしても、結局その年のデザイン科新入生は半数以上が女子学生ということになった（この方式は4年ほどつづいただけで元に戻ったとのこと）。

その翌年は我々の番だ。美術系の予備校もデッサンばかりでなく学科にも力を入れるようになったが、ぼくにとっては普通科高校の頃の苦い想い出が蘇るばかり。

結果は言うまでもなく一次試験が通過できず、しかし高い入学金を必要とする美術系の私立大は無理なことから、その年は当然のように浪人生活と決め込んだ。だがこれもまた、その後のぼくとオーディオとの出会いに欠かせない一幕だったのであった。

浪人中のある日、同じく芸大を目指して浪人をしていた級友の一人が、「芸大はやめて桑沢にしないか」と持ちかけてきた。

「桑沢」とは東京の渋谷にある「桑沢デザイン研究所」という専門学校で、当時は各種学校と呼ばれ、高校卒以上なら受験できる1年間単位で3年までのデザインスクールだ。もちろんぼくもその存在は知っていたし、しかもその頃、ドイツの先進的デザインスクールとして知られていた「バウハウス」の日本版として、デザインの世界では注目されつつあった。

しかも、入学金は一応納めるのだが、1年後に利息付きで全額返還してくれるので事実上ゼロ。どう考えても芸大は無理そうなので、この入学金ゼロが決め手になった。

試験は一般常識的な筆記テストのみで、これなら流石にぼくでも入れる。この1年目は2クラスで各60名という大所帯。その3分の1ぐらいが高校卒のいわゆる現役組。同じく3分の1ぐらいがぼくのような1浪、2浪といった浪人組。残りの3分の1は様々で、他の大学を中退してきた者や大学卒業後に入り直す者。あるいは大企業からの派遣生や正体不明の一群などで、最高齢者は30歳ぐらいだっただろうか。

その正体不明の一群の中に、ぼくより2歳ほど年長の「大村一郎」という男がいた。ぼくが21歳だったから彼は23～24歳だったはず。クラスでの自己紹介の折り、彼は「ラジオ技術」という雑誌の編集部に勤務と言った。その雑誌の名前はぼくも知っていたが、そんな大会社でもないのに社員を学校に通わせるとは、見上げた雑誌社と感心した。

彼は名前の「大村」に因んで「Ω」マークをサイン代わりにしているから、名前も「オーム」と呼んでくれと言った。ぼくは彼が年上なので「オームさん」と「さん」付けで呼ぶことにした。

しかし彼の話は事実ばかりではなかった。たしかに当初はその雑誌社に勤めていたようだが、はやくから筆者として頭角を現わしはじめる。しかし社員が本名での登場はまずいとのことから「瀬川冬樹」のペンネームで書いていた。桑沢に入ったときにも同誌と嘱託程度の関係はあったようだが、すでにオーディオ業界（この頃からオーディオという言葉が使われはじめた）における中心的な筆者の一人であり、他の多くの雑誌でも活躍する売れっ子の若手オーディオ筆者だったのだ。

そのことをぼくが知ったのはクラスの中に何人かのオーディオ好きがいて、彼らにとって「瀬川冬樹」はすでによく知られた存在だったからだ。いやクラスメイトばかりではない。我々の授業も持っていた講師の一人に、当時、評判の若手グラフィックデザイナーだった田中一光先生（のちに「ステレオサウンド」誌の表紙デザインを手掛けられる）がおられた。熱心なオーディオ愛好家だった先生は、オーディオ誌での瀬川冬樹の読者でもあったことから、授業が終わると師弟関係が逆転し、あれこれとオーディオ指南を受けておられた。

その少し前、１９５８年にはステレオＬＰレコードが発売された。モノーラルＬＰのときは日本での普及に発売から数年を要したが、今度は極めて急速な普及ぶりを見せた。と言うのも依然として日本の高度経済成長がつづき、まさにその真っ只中にあるという状況だったからだ。そして多くの家庭には当時「三種の神器」と呼ばれた、テレビ／冷蔵庫／洗濯機／等々の家電製品が普及し、次の電化製品を待ち構えている感さえあった。

ここに登場したステレオLPレコードは、それまでのモノーラル再生では不可能だった空間的な音の拡がりや、そこでのリアルな音像定位などを実現。それは多くの人々に、従来のレコード再生とは異なる新たな技術の成果であることを意識させるものだった。実際にSPからLPになったときは、一般の人達にとっては音の違いより、LPなら片面で30分近くも聴けることのほうが話題だった。

そう言えば我が家のラジオを改造してくれた兄の友人も、「LPはいいぞ」とは言ったが「音がいいから」とは言わず、「30分も聴けるから」とだけ言っていた。実際にその我が家のシステムは音がいいか悪いかなど気にさせるほどのものではなく、ただLPが聴けるというだけのものだ。したがって当時のぼくは、レコード再生で音の善し悪しを問題にするという意識などまったくなかった。

だがなぜかぼくとオームさん（瀬川冬樹）とはウマが合ったとでも言うのだろうか、たちまち親密な間柄になった。いまにして思えば、ぼくがオーディオのことを根掘り葉掘り訊いたりしなかったからかもしれない。

だから一緒に昼飯を食べに行っても、またときには夕方からビヤホールなどに行ったときも、話題は呑み友達としての世間話と、あとはデザインの話ばかり。彼はオーディオ誌の筆者であるより工業デザイナーに憧れ、その糸口を得たいと入学したようだった。実際にスケッチなど描くとなかなか味のあるタッチで、絵心の豊かさを感じさせた。

クラスのオーディオ好き達の話題はもっぱらステレオ再生のことばかり。すでにステレオ再生をスタートさせた人もいたが、費用の問題から簡単にはできないので具体的にどう進めるのがいいのか、などがオームさんへの質問の中心だったようだ。

と言うのも、たしかに多くの一般家庭にはメーカー製の新しい一体型ステレオセットが次々に導入された。しかしそれとは別にモノーラルＬＰの時代あたりから、今日のオーディオマニアの前身とも言える人達が誕生しはじめた。彼らは、こうしたメーカー製の一体型システムを嫌い、「組合せ型派」とか「自作派」とか言われる、レコード再生に趣味としての主張を持つ人達だった。各メーカーはそうした人達にもアピールしようと、一体型ではなく「コンポーネント型」と称するセットも登場させはじめたりした。

しかも１９４０年代頃のアメリカに誕生したモダンジャズが、モノーラル時代からステレオ時代にかけて我が国にも押し寄せ多くのファンを生み出す。クラシック音楽にはあまり耳を傾けなかった若者たちも、新しいモダンジャズには多くが熱中。その結果、モダンジャズとステレオ再生は二人三脚のように足並みを揃え、拡がっていった。

だが、我が家は相変らずの改造ラジオと免税プレーヤーだったので、ステレオ再生とは無縁。それに何枚か買ったレコードも、よく知られたクラシックの名曲ばかりで、ジャズなんてうるさいだけの低俗で野蛮な音楽と決め込んでいた。

そうしたことでクラスメイトと口論になると憤慨して怒りだす奴もいるし、中にはじっくりと腰を据えて、ぼくにジャズの魅力を理解させようとする者もいる。そんな一人に写真大学を出てから桑沢に入ってきた、ジャズとオーディオ好きの亀井良雄という男がいた(後に「ステレオサウンド」誌のカラー口絵写真を受け持ち、オーディオ機器の視覚的な魅力を紹介)。

ある日、彼は何枚かのレコードを持ってきて、学校の小さなモノーラル電蓄を教室に運び、ぼくに聴かせるという。曲はピアノ/ヴィブラフォン/ベース/ドラムスの4人によるもので、ぼくがイメージするジャズとはまったく違う、心地よいメロディと穏やかなテンポによる楽しいものだった。周りの皆はぼくの顔を覗き込むようにして「どうだい?」と訊く。ぼくが「ああ、これはいい音楽だね」と言うと彼らは勝ち誇ったように、「これはジャズなのだぞ」と叫ぶ。

そのレコードは1957年録音のアトランティック盤で、MJQ（モダン・ジャズ・カルテット）による『たそがれのヴェニス』だった。かくしてぼくは彼らに折伏されてモダンジャズに心を開くことになった。

次に彼らはぼくをジャズ喫茶に連れて行くと言う。そこなら本格的なステレオでジャズが聴けるからというわけだ。

渋谷の道玄坂から恋文横町を抜け百軒店のほうに上がったところに、何軒かのジャズ喫茶があるのは知っていたが入ったことはなかった。彼らが連れて行ってくれたのはその一軒の「オスカー」という店で、ここが彼らのたまり場になっていたらしい。

後で知ったことだが、この店は渋谷でも大音量派として知られるとのことで、たしかにギンギンの大音量で鳴らしていた。その音量での、しかもステレオ再生はぼくにとって未体験のものでただ驚嘆。たしかにモノーラルとは違い左右二つのスピーカーから別々の楽器の音が出ていたが、それが妙にわざとらしいとも思えた。

それによく見ると、左右二つの大きなスピーカーが同じ製品ではない。それまでのモノーラル用システムをもうワンセット用意することができず、と言ってステレオ用にシステムを一新することも叶わず、暫くはこれで我慢しようとのことなのだろう。そうした問題に関しては、ぼくを連れてきたオーディオ好きのクラスメイト達も同様だったわけだ。

だがオームさんはこのような場にはけっして同行しなかった。彼も当時はクラシック曲一辺倒だったこともあるし、それに「あの音量は好みではない」とも言っていた。

本格的なオーディオシステム

ステレオレコードの登場によりオーディオ人口も急増。その結果オーディオ誌も増え、その内容も増すし増刊号や別冊もつぎつぎに企画される。それによりオームさんはきわめて多忙になったのか、半年もすると学校へはあまり出て来なくなった。

３年まで進める桑沢は、２年になるとき、１年目の出席率と提出課題の成績などにより、全体で半数の60名に絞られる。となるとオームさんの席はなく、彼は1年で桑沢を終了した。ぼくはさらに、各10名の専門コース３クラスだけになる3年まで進んだが、ぼくとオームさんとの呑み友達の関係は、むしろ彼が学校を去ってからのほうが強くなり、お互いに「あした新宿の例の店で……」などと電話をし合っていた。彼の夜のテリトリーはもっぱら新宿だったのである。

激動の１９６０年安保闘争時代を越えて１９６２年にぼくは桑沢を終了。何とかしてサラリーマンは回避したいと願っていたぼくは、5歳ほど年長だが親しくしていた級友を相棒とし、新宿にデザイン事務所を開設。ただし彼の専攻はグラフィックデザインで、ぼくは工業(インダストリアル)デザイン専攻だった。

印刷媒体を中心にするグラフィックデザインなら、無名の若者の事務所でも仕事を得ることはけっして不可能ではない。だがインダストリアルデザインは無理。かなりの経験と実績を重ねた者にでなくては仕事の依頼などあり得ない。依頼する側のリスクも大きいからだ。したがってぼくも当面はグラフィックデザイナーに徹することでスタートした。

事務所は相棒のデザイン手腕の高さもあって思いのほか順調に歩み出す。とくに、ステレオレコードの誕生により急激に市場を拡大しつつあったオーディオ界の中で、まだ設立早々だったが、業界の注目を集めていたカートリッジメーカー「オーディオテクニカ」との、製品パッケージやカタログや広告デザインに関する年間契約が大きな支えになった。

同社を起こした松下秀雄氏はブリヂストン美術館の館長を務めておられた。そこでの催事の一つとして人気だったのが、オーディオ好きの松下氏が力を入れていたレコードコンサートである。

その常連の一人に、前記した田中一光先生と同じく桑沢で講師を務めておられた、グラフィックデザイナーの杉浦康平先生がおられ、松下氏とも親しい間柄になっておられたようだ。そして松下氏がオーディオテクニカを設立し順調に歩みはじめた2年目に、我々の事務所を紹介してくださった。同社が2作目のMM型カートリッジ、「AT3」をヒットさせた直後のことだ。

だがその時点でも、我が家のシステムは例の改造ラジオと免税プレーヤーだった。

我々の事務所が新宿三越裏の、呑み歩きの拠点には絶好の場所にあったことからも、新宿を夜のテリトリーとしていたオームさんとの付き合いはますます深くなり、週に一回ぐらいは夕刻になると事務所に現われる。ぼくの相棒は一滴も呑めない男なので、ぼくの仕事が終わるのを待って二人で夜の新宿を、ときには明け方まで徘徊した。

当然オームさんもオーディオテクニカのことはよく知っていた。それにぼくも、まだ仕事のためとの意識だったが、カートリッジをはじめとするオーディオに関する質問などをするようになった。

すでに5年近くも付き合っていながら、オーディオに関してはほとんど話題にすることもなかったぼくが、いろいろ質問することを彼は喜んだようだ。実にこまごまと丁寧に、カートリッジに限らずアンプもスピーカーもといろいろ教授してくれた。ときには昼間に事務所を訪れ、「いま暇か?」「だったらこの間のつづきだ」と言って資料を持って現われたりもする。オーディオに関するぼくの基礎知識は、このオームさんの個人レッスンによるものと言って間違いではない。

そしてあるとき、「話だけでは無理だから、日曜日に家に来い」と誘った。

阿佐ヶ谷にあった彼の家は古い住宅街の一軒で、部屋は2階の和室8畳間。はじめて訪れたときは使用機器の名前も皆目分からなかったが、彼の説明によりいまも覚えているのはスピーカーがグッドマンの「アキシオム８０」。これをバッフル面が傾斜した小型のコーナー型エンクロージュアに入れ、それを天井近くの左右コーナーの鴨居の上に、天地逆さまにして下向きに取り付けてあった。

部屋の反対の窓側には彼のベッドがあり、それを椅子代わりにして操作できる位置に、クォードの管球式プリアンプ「ＱＵＡＤ２２」と管球式パワーアンプ「ＱＵＡＤⅡ」がある。その脇に金属製の脚が折りたためる小型のテーブル（お膳）があり、この天板がくり抜かれ、そこにフォノモーターやアームが取り付けられてプレーヤーシステムになっていた。

フォノモーターはガラードの「３０１」。アームは後にＳＭＥになったが、当初は日本製のグレースだったと思う。それにカートリッジも同じくグレースのＭＭ型だった。

すでにぼくも、ステレオ再生はあちこちで体験していた。それらはいずれもモノーラルでは得られない音の拡がりを聴かせていたし、音像定位の魅力もあるのだが、だからと言って自分でもぜひ持ちたいと思うほどのものでもなかった。それより一眼レフカメラのゼンザブロニカのほうが欲しかった。

だが、はじめて聴いたオームさん宅の音に、ぼくは一瞬にして虜になってしまった。それまであちこちで聴いてきた音とはまったく次元が違い、それ自体が生き物の感触にも通じるような不思議な魅力なのである。そこには明らかに言葉にしがたいほどの美しさがあり、不思議なリアリティであり、しかもその音がぼくの身体の中に浸透してゆくのを感じた。

音量はかなり控え目で近接したご近所には聞こえない程度のもの。それでいてけっして小さな音とは感じさせず、まさにリアルで、不足なく心地よい音量感なのだ。この魅力は一体何だ。頭の中でそう思いつつ、ぼくはただ「ポカン」としていた。

曲が何だったかは忘れてしまったが、ソプラノによるシューベルトの歌曲やバッハの弦楽曲。それにモーツァルトのシンフォニーなどだったと思う。そのいずれもの音像が眼前の空間に実像のように浮かび上がって演奏を展開する。「目の前に演奏者がいる」。オームさんに「どうだい?」と訊かれてぼくが答えたのは、このひと言だけだったように思う。でもオームさんは、ぼくのその反応に十分満足したようだった。

この後、オームさんがぼくに言うことが変りはじめた。それまでは一度も口にしたことが無かったのに「オーディオをはじめろ」と言う。「アンプは中古品を探すから、スピーカーとプレーヤーは自作しろ」と。実はぼくもすでに、あんな再生が楽しめるのなら言われなくても遠からずはじめなくてはと、心の中では決めていたので早速その話にのる。

ユニットはすべてオームさんが選んだもので、スピーカーはパイオニアの16㎝口径フルレンジ型の「ＰＥ１６」。そして、ラワン材で幅30㎝／高さ50㎝ぐらいの密閉箱を造り、中にグラスウールを詰め込んでユニットを納める。

フォノモーターはＣＥＣの「ＦＲ２５０」というアイドラードライブ型。アームはオーディオテクニカが業務用として完成させたばかりの「ＡＴ１５０１」。カートリッジも同じくオーディオテクニカの人気のＭＭ型「ＡＴ３」。この2モデルは同社がプレゼントしてくれた。もちろんプレーヤーキャビネットも手造りで、これもラワン材により蓋付きの、がっしりとしたものを造る。事務所には写真撮影用の一角があったので、そこが作業場になった。

そして最後に、オームさんが何処からかラックスの管球式プリメインアンプ「ＳＱ５Ｂ」の中古品を入手してきて、ついにぼくの、初の「本格的」なオーディオシステムが完成したのだった。これが「本格的」と言えるかの議論はさておき、ともかく、以後のぼくが急速にオーディオにのめり込んで行くことの、きっかけになったことは間違いのない事実だ。

第二章　1964〜1966

ついに手にした
ぼくのオーディオシステム

ＳＱ５ＢとＰＥ１６は黄金の組合せ

ここまでの「ぼくのオーディオ回想」を「序」としたのは、まだぼくのオーディオがスタートする以前の話だったからだ。オーディオにはほとんど興味がなかったぼくが、人生の不思議な巡り合わせでその魅力に出会い、実にささやかな第一歩ながら当時のぼくにとっては、ついに手にした「本格的」オーディオシステム完成までの成り行きだった。ときは、東京が初のオリンピックに沸いた１９６４年の暮れだ。

この初のシステムは、呑み友達のオームさん（瀬川冬樹）に勧められて手造りした質素なものだ。でも組み合せた機器は、新鋭のオーディオ誌筆者として活躍していたオームさんが選んだものだけに、ちゃんと一本筋の通ったものだったのは間違いない。

彼がこの組合せの中心に据えたのは、スピーカーではなくアンプだったのだと思う。それがラックス（ラックスマンの名は１９６６年ごろから）の管球式プリメインアンプ「ＳＱ５Ｂ」だ。ラックスは高性能な出力トランスなどで以前から知られていたが、完成品は管球パワーアンプやラジオが中心だった。そのラックスが、はじめてハイファイ指向のアンプとして開発したとされるのが、１９６１年のプリメインアンプ「ＳＱ５Ａ」である。

だが、なぜか同機は発表直後に、モデル名を「SQ5B」にチェンジして市場に登場。そしてたちまち注目を集めて人気モデルになった。と言っても当時のぼくはそんなことは何も知らず、これらは後に知ったことだ。

SQ5Bの値段は3万5千円強だが、大卒男子の初任給がやっと2万円程度に達した時代なので、安い製品ではなかった。だが発売からすでに3年ほど経過していたから、手放したいと思っている人もいたのだろう。そんな1台をオームさんは何処からか、1万円で手に入れてきてくれた。

このアンプは現在でも中古市場で人気だが、当時まず、その個性的なスタイルが注目された。ことに、全体が丸っこくてキュートな雰囲気や樹脂ラミネート板によるパステルカラー調の仕上げなどが、このアンプのサウンドの持ち味を醸し出しているようにさえ思えた。すなわち音を聴く前に、すでにその音をイメージさせ、しかも、そのイメージどおりと言えるようなウォームなサウンドを聴かせた。出力は14W＋14Wで大出力機ではないものの、スピーカーの平均的な能率が今日より高かったこともあり、家庭で使う限りパワー不足はまずあり得なかった。

現在から見れば当時のオーディオ機器はすべて、良く言えば個性的であり、見方を変えれば各社の技術レベルがばらばらなことから、サウンドも各社各様だった。仮にアンプだけを見ても、その中に得意の分野の技術もあれば苦手の分野の技術もあり、それがメーカーごとに異なるのだから、当然、個性的にならざるを得ない。

そんな中にあってもSQ5Bは偏りのないバランスのよさや、角張らず暖かくキュートな音を聴かせるものだった。もっとも、それがSQ5Bのキャラクターであり、逆にもっと俊敏だったりクールだったりする音は出せないとも言えたのだが、でも、あのスタイルが生み出すこの音は、SQ5Bならではのヒューマンな魅力サウンドとして人気を博した。

オームさんがぼくのシステムに持たせたかったサウンドもこれだったに違いない。おそらく彼は、ぼくが気に入ったジャズがMJQだったことも知っていただろう。それに彼の家での会話の中などからも、ぼくの好みそうな音の傾向を掴んでいたに違いない。その結果として選んだのがSQ5Bだったのだ。

いっぽうスピーカーは現在でも各社間での音の違いは大きく、そのてんでは今日でも十分に個性的だが、当時のスピーカーはそれ以上にそれぞれの音が特徴的だった。これも、一つには各社間での得意技術の違いや製法の違いなどによるものだし、加えて、現在のような高度な測定技術もともなわなかったのだから無理もない話だ。それらの中からオームさんが選んだのが、パイオニアの16㎝口径フルレンジ型ユニット「PE16」だったわけだ。

当時、オーディオ入門用のスピーカーユニットは、なぜか16㎝口径の(海外では6・5インチロ径と呼ばれたことから、日本では6半と呼んで親しまれた）フルレンジ型が定番で、各社ともそれに応えるユニットを用意していた。しかし前記のように同じ6半でも音は各社各様。組み合せるアンプや狙いとする音の方向などとの関係において、その中からどれを選ぶかがシステムの成否を左右した。これは当時に限らず現在でも言えることだが、でもその頃は単に音の傾向の違い程度ではなく、いい音と悪い音とに分かれてしまうことさえあったのだから問題は大きい。

パイオニアのPE16は大ヒットしたモデルだが、その最大の理由は鳴らし易さにあったと思う。当時のパイオニア製品の音に対し、スピーカーに限らずアンプなども含め、「パイオニア・トーン」という呼び方があった。これはパイオニアのコマーシャルトークではなく、オーディオマニアの間で自然発生的に生まれた言葉だ。

この言葉が意味したのは、癖っぽさのない耳あたりのよさであり、程よい明るさであり、しかも適度な厚みを持ったマイルドな響きなどだった。もちろんこれも、だから魅力的とする意見と、だから緊張感に欠けて面白みがないとする意見とがあったことは、現在のオーディオにも通じる。

マニアの間で言われたのはパイオニア・トーンだけではなく、他にも「〇〇トーン」や「××トーン」等々があった。例えば「サンスイ・トーン」を例にとれば、音色の雰囲気は明るさより少し陰影感のある濃厚な傾向。したがって耳あたりのいいアットホームな感じよりもっとマニアックな、言わば多少は癖っぽいとも受け取れる味の濃さだ。その結果ことにジャズ好きに、サンスイ・トーンのファンが多かったのも納得できた。

オームさんがPE16を選んだのは、パイオニア・トーンがもつ癖っぽさのない耳あたりのよさだと思う。そのタイプのスピーカーを組み合せてこそ、SQ5Bの音の魅力がスピーカーの持ち味と相乗効果を発揮し、一段と魅力あるものになってくれることをオームさんは承知していたからだ。すなわちこれは、まさに「黄金の組合せ」と言えるものだった。

ちなみにPE16の値段は、ステレオ用2本で計3千5百円だった。

当時の秋葉原に行けば、各スピーカーユニットの口径に合わせ、その場でバッフル板をカットしてくれる、既製のエンクロージュアが山積みされていた。しかしオームさんは「あれは駄目」と言う。「スピーカーシステムにとって大切なのは、少しぐらい小さくてもいいから、しっかりとしたエンクロージュアなのだ。あんなスカスカのパーチクルボード製では話にならない。それより市販のラワン材でいいから、自作しろ」と。

同様にプレーヤーキャビネットも、アクリルの蓋付きで綺麗な物を売っていた。これも使うフォノモーターとアームを指定すれば、それに合わせてボードをカットしてくれる。でも、これも買わせてもらえなかった。「ボードはある程度ちゃんとしていても、下のキャビネット部分の板がスカスカで駄目。あれだったら我が家で使っているテーブルのように、キャビネット部分がないほうがいい」と言う。これでやっと先にお話しした彼の部屋の、「お膳」改造プレーヤーシステムの意味が分かった。よってこれも、ラワン材で蓋付きのガッチリしたのを手造りしたのは、すでに申し上げた通りだ。

彼が指定したフォノモーターは、CEC（中央電機）のアイドラードライブ機「FR250」だ。フォノモーターはその後ベルトドライブが主流になり、その頃でもいくつかのモデルはあったと思うが、なぜかオームさんはその話をまったくしなかった。彼自身もアイドラー型の名機として知られるガラード301を使っていたから、ベルトドライブはまだ信頼していなかったのか、信頼できる製品は入門用には高価すぎたからなのかもしれない。

ただしFR250は定価1万6百円だったから、これも安い製品ではない。それだけに数多いフォノモーターの中でも評判の高性能機だった。ちなみに現在のCECは、アナログ時代からのベルトドライブ設計の伝統を活かした製品と称して、ベルトドライブ型のCDプレーヤーを送り出している。しかしぼくの記憶では、各社がこぞってベルトドライブ型に向かった中で、同社だけはかたくなにアイドラー型を守りつづけていた。それほどこの方式を信頼し自信をもっていたわけだ。だから実は、ベルトドライブに関しては後発なのだが、でも長年にわたる回転機器の技術が活きていて、これも高性能だった。

カートリッジとトーンアームがオーディオテクニカ製なのは、同社が我々のデザイン事務所にとって最大のクライアントだから当然のこと。でも同社機の中から、大ヒット作の「AT3」と、逆にまだできたてだったがプロ用トーンアーム「AT1501」を選んだのは、やはりオームさんだ。付属機構がほとんどなく針圧印加機構もきわめて単純なこのアームは、ぼくの手造りシステムのシンプルさを象徴していると彼は言っていた。

この2モデルはオーディオテクニカからのプレゼントだったが、定価はAT3が6千9百円。AT1501が1万2千6百円。したがってぼくの初の「本格的」オーディオシステムは、アンプの値段も定価で計算すると、機器の総額が6万9千7百円。あとは数枚のラワン材と金具類を少々だから、トータルで7万数千円ほどだ。でも実質的な出費は2万5千円に達しない額と、後はぼくの労力だけ。

最後にオームさんが中古のSQ5Bを抱えてきて、ぼくのシステムがついに完成したのは、1964年も間もなく年末を迎えようとしている頃だった。オームさんはそのとき、この事務所で忘年会代りに、ぼくのシステムの鳴らし初めをやろうと提案した。

完成したシステムの実力

話は少しそれるがたしか1962年の夏ごろ、事務所に一つの仕事依頼があった。クライアントは、初の海外アーティストによるコンサートを企画という小規模な音楽事務所で、そのためのポスターやパンフレットなどのデザイン依頼だった。

招聘されたのはイタリアの「ソチエタ・コレルリ合奏団」で、17世紀イタリアの作曲家アルカンジェロ・コレルリ(コレッリ)の生誕300年を記念し、1953年に結成された室内合奏団とのこと。でもぼくは、「コレルリ」の名は耳にしたことがあるような気がする程度だった。しかし、ともかく仕事は無事に完了。

そして年末に日比谷公会堂でコンサートが開催された。上野の東京文化会館ホールと新宿の厚生年金会館ホールはその前年にオープンしていたが、それ以外に当時の日本には本格的なコンサートホールは皆無で、もっともポピュラーな会場が日比谷公会堂だった。ぼくはクライアントから招待状を頂戴して、はじめてのクラシックコンサートに出掛けた。それ以前の演奏会体験と言えば、音楽教育の一環として寄せ集めのオーケストラが各学校を巡り、その講堂で聴かせるようなものだけだった。

コレルリ合奏団と言ってもコレルリの曲は1曲程度で、あとはヴィヴァルディだったように思う。日本でもバロック音楽がようやく一般にも認知されはじめた頃で、コレルリは知らなくてもヴィヴァルディはある程度知られつつあったわけだ。

後に、日比谷公会堂の音の酷さを認識するようになるのだが、そのときは何しろはじめてのコンサートだから、会場の音がいいか悪いかなど気にする余裕も知識もない。しかしこれが、その後のぼくのオーディオに大きな影響を与えた、バロック音楽との出会いだった。

話を元に戻そう。ぼくのシステムの鳴らし初めが決まったとき、ぼくは、まだステレオレコードを持っていなかった。当日はオームさんがレコードを持ってくると言っていたが、やはり自分のも1枚ぐらいは鳴らしてみたいと思った。そのとき頭に浮かんだのが、日比谷公会堂で聴いたソチエタ・コレルリだ。近くのレコード店に行くと、あった。RCAリビング・ステレオの日本ビクター盤『コレルリ合奏協奏曲集』で、もちろん演奏はソチエタ・コレルリ合奏団。ほかにMJQもと思ったが、当時の国内盤1枚が千8百円は気軽に買える値段ではなかったので、コレルリだけにした。

そのとき店のお客の一人に品のいい初老の紳士がおられ、彼はすでに何巻かのセット物の箱を抱えていたが、さらにあれこれと高価そうなクラシック曲のセット物を選んでいた。やがてそれらを店員に渡して支払いをすませ、いくつかの大きな紙袋に入れたレコードを重そうにぶら下げて、「これはタクシーだな」と言いながら店を出ていった。

ぼくはただその人を見送りながら、羨ましいとも素晴らしいとも思った。そして、ぼくもいつかは、あんな風にセット物が買えるようになるのだろうか、と考え込んだことを覚えている。で、その日のぼくはと言うと、1枚だけのレコードが入った薄い紙袋をぶら下げて、事務所に走り戻った。

その日、プレーヤーとアンプは事務所の作業台の上に置き、スピーカーはそれぞれ木製のストゥールをスタンド代りにして壁際にセット。我々は床の上に腰をおろして聴く。スピーカーケーブルはビニール被覆した、平行電線を使うのが当時の常識だった。

オームさんはまず、レコードを掛けずにボリュウムだけを少しずつ上げる。すると「ブーン」と小さなハム音が聞こえる。彼はアンプの位置をずらしたりアームケーブルを動かしたりし、ある程度ハム音が小さくなると、「フン、この程度ならいいか」と言ってレコードを取り出す。持参した何枚かのレコードを順にチョイ掛けし、「フン」「フン」と小声でうなずきながら、最後に「フーン」と大きく息を付いた。そしてひと言「まあまあ、いけるって感じだな」と。

ぼくも彼の横で必死に聴いていたのだが、ぼくには「まあまあ、いける」どころか、「十分にいける」素晴らしい音としか思えなかった。いや、実際にはそう思いたかっただけで、その音がどんなレベルかなど、ぼくにはまったく分かるはずもない。しかし嫌な感じの音がしないのはたしかで、どの曲も心地よく耳に馴染む印象だった。

オームさんはチョイ掛けが終ると、その中の一枚をあらためてプレーヤーにのせ、「よし、聴いてみよう」と座り直す。曲は「バッハの管弦楽組曲」で、カール・ミュンヒンガー指揮のシュトゥットガルト室内管弦楽団の演奏。後でぼくも買ったので持っている。ほかに声楽曲やシンフォニーも掛けたが、どれも身体の中にスーッと入り込んでくるような心地よさだ。オームさんは「フン、結構いけるね」と、「まあまあ」から「結構」に昇格させた。ぼくは当然だと思った。

最後にぼくが買ってきた「ソチエタ・コレルリ」を掛けた。本当に胸がドキドキしたことを覚えている。そして、あの日比谷公会堂でのコンサートの情景がよみがえってきた。いや、ぼくにはあのときの音よりずっと美しいと思えた。それに、日比谷ではどうしても聞こえなかったチェンバロの音が、ぼくのシステムからはちゃんと聞こえるのも嬉しかった。

その頃の東京は、まだヒートアイランド現象がなかったこともあり、冬の夜更けは寒かった。レコードを買って遅くに家に帰ったときなどは、まずアンプとプレーヤーのスイッチを入れ、次にどの家でも人気だった「アラジン」の石油ストーブに点火する。そしてやっとオーバーコートを脱ぎ普段着に着替えてから、アームのヘッドシェルをはずし、温度が上がりはじめたストーブの上にカートリッジをかざして温める。

次に買ってきたばかりのレコードをジャケットから取り出し、これはストーブのもっと上のほうで裏表をゆっくり回転させながら、これも温める。部屋の空気はまだ冷え冷えだが仕方がない。でも、カートリッジもレコードも、もうコチコチに冷えきった状態ではないので音がビリ付くことはない。やっとソファーベッドに腰をおろし、買ってきたばかりのレコードに耳を傾ける。

ぼくにとってそれまで経験したことのない、こんな生活のパターンが生まれたのだった。

低音にはじまり低音に終る

釣り好きな人達のあいだで言われる諺に、「釣りはフナにはじまりフナに終る」というのがある。フナ釣りは子供でもできるから、釣りはまずフナ釣りにはじまる。でもコイのようにファイトしないので、釣りの面白さには乏しいとも言われる。だがフナ釣りには他の釣りにない独特の奥の深さがあって、一度フナ釣りをやめた人でも、やがてまたフナ釣りに戻ってくるといったような意味だ。

これをもじって「オーディオは低音にはじまり低音に終る」と言った人がおられ、これがオーディオマニア達の流行語のようになったことがある。アンプのパワーにも部屋の広さにも限界があったステレオ初期の我が国のオーディオは、それほど優れた低音再生に飢えていたとも言えるわけだ。

小さな密閉箱に入れた6半一発とSQ5Bによるぼくのシステムも、「黄金の組合せ」とご機嫌で聴いていたのは数ヵ月間のことで、次第に、その低音不足に不満を感じはじめた。と言ってもこれは、ぼくの耳がオーディオ的に成長したからではない。でもこの間に、オーディオとは何であろうと少し手を加えることで、音が大きく変化することは分かりはじめた。例えばあるときこんなことがあった。

オーディオテクニカはヒット作のAT3につづき「AT5」を発売。同機には、その頃各社が採用しはじめて話題だった楕円針付きの「X」型もあり、「これも試してみれば」とその楕円針付きをプレゼントされた。

実はこのモデルはAT3ほど話題になることもなかったのだが、でもぼくは、妙にキン付く中高域もあまり気にせず、むしろ、それさえも楕円針の魅力と思っていたのだから呆れたものだ。

ところがある日レコードを掛けようとして気が付くと、カートリッジの先にあるべきカンチレバーと針先がそっくりない。当時のMM型はカンチレバーを固定する構造などなく、ホルダー内の筒状ダンパーにマグネットの付いたカンチレバーを差し込むだけなので、針先を手前に引けば抜け出てしまう。レコードを掛ける前に針圧を調整したりしたので、もしやと思いセーターの袖口を見ると、そこに、すでにクニャクニャに曲がったカンチレバーが絡まっている。

ＡＴ５Ｘのカンチレバーは新開発材と称する極めて細いパイプが売りだった。それをピンセットでそっとセーターから外し、慎重にあるべき元の形状に戻した。ただし材質はかなり柔らかいとみえ、もうまったくパイプ状ではなく単に細長い板状だったが、ともかくいっぽうには楕円針。もういっぽうにはマグネットが付いている。それをホルダー内のダンパーに差し込んで位置を調整し、針先を指でさわるとスピーカーからゴソゴソと音がする。

カンチレバーはもうパイプ状ではないので、指定針圧は無理そうと半分ぐらいの針圧で掛けてみると、音楽が鳴る。しかも、それまで聴いたことのないような実にしなやかで滑らかな感触の音なのだ。ことに、さっきまでのＡＴ５Ｘでは中高域がややキン付きすぎる気分だった弦楽器が、まさに絡み付くような色気たっぷりの鳴り方をするではないか。ぼくは「やった！」と思った。そして何故みんな、こんなことに気が付かないのかと。「オーディオなんてチョロイものだ」とも。

「よし、例のレコードも試してみよう」と、1枚の25㎝盤を取り出した。ぼくにとっては、ついに手にしたステレオシステムなので、もう以前のモノーラル盤を聴くことはなかったが、1枚だけ例外的なモノーラル盤があった。でもこれは曲ではなくレコードジャケットが欲しくて買ったものだ。盤は1962年発売の(それが何故モノーラルかは不明)キングレコード盤『〝六つの子供の歌〟ほか』と題する中田喜直の歌曲集で、歌はソプラノの伊藤京子。

ジャケットが欲しかったのは、当時、若手デザイナーの中でも突出したカリスマ性を感じさせていた細谷巖と、同じく人気のカメラマン安齋吉三郎(後に「ステレオサウンド」誌の表紙写真を手掛ける)とによる見事な作品だったからだ。したがって曲を聴いたことはほとんどなかったのだが、ぼくのシステムが完成した後、「試しに」と鳴らしてみて驚いた。ぼくにとってはモノーラルであることのつまらなさはあったが、でも、そんなことを忘れさせる中田の曲の素晴らしさと、伊藤京子の歌唱の魅力に圧倒された。以来、モノーラル盤でもこの一枚だけは愛聴盤でありつづけている。

ただし、「試しに」鳴らしたときのカートリッジはAT3だった。それをAT5Xにしてから聴いてみると、どうも少し音が痩せて甲高い声に感じられる。だが前記のように、これが楕円針のよさと自分に言い聞かせていた。

それを、ぼくの改良型(?)AT5Xで鳴らしてみて、またもビックリ。その音は「しなやか」

も「絡みつく」もあったものではない。声はただドローンとして張りがなく、土管の中に溜まった濁り水のよう。それに伴奏ピアノも、まるでピアノ線が弛んでしまったかのようで音楽にならない。ぼくは暫く茫然としていたが、気を取り直して針圧を少し変えたりしてみたものの、そんなことではどうにもならない。最初に掛けた弦を改めて聴き直してみると、その音もやはり正常ではなく、ただぼくが弦に魅力を感じている部分の音のみが、妙に強調されていて目立つだけということに、やっと気付いたのだった。

まだ、ぼくの耳がオーディオ的に成長しはじめたなどとはまったく言えないのだが、でもオーディオとは、「チョロイ」どころか、逆に、あなどれない相手であることをはっきりと認識するきっかけにはなった。

ＰＥ１６は低域だけでなく高域もナローだったが、でもぼくは高域にはあまり不満はなかった。少しずつ増えはじめたレコードには、古典派の交響曲などもあったが、それよりバロック音楽のほうが多く、そこでの高域はあまりエネルギー感に富んでいるより、適度にダラ下がりであるほうがぼくの好みに合っていたと言える。何しろ、例の日比谷公会堂での音がリファレンスだったのだから。

その頃のレコード店はジャケットから盤を取り出し、店のシステムで試聴させてくれた。ジャケットはシールもされていなかったので、気に入らなければ買わなくてもよかった。そんなお店の試聴用システムではちゃんと通奏低音が鳴っていたのに、我が家ではその低音の厚みが出てこない。

そんなときはウーファーを加えて2ウェイ構成にすればいい、といった程度の知識はもう持っていた。我々の事務所はオーディオテクニカの、広告原稿の出稿窓口になっていたので、毎月、各雑誌の担当者が掲載誌を持って次号の原稿を受け取りに来る。ラジオ技術／レコード芸術／ステレオ／無線と実験／電波科学／スイングジャーナル等々で、ぼくはそれらの雑誌のオーディオページを読みあさった。何しろタダなのだから。

ウーファーは同じメーカー製がよいはずと、パイオニアの「ＰＷ２０Ｆ」に決定。今度は以前のような小さな箱では無理なので指定箱を使うことにしたが、これも店頭売りの箱は片手で持てる程度の重量。だが、このサイズでは手造りも容易ではない。しかしその時代はまだどの街にも、簡単な注文家具造りなどにも応じてくれる木工店があった。とくに凝った造りではないが、でも、しっかり造ってくれることでは信頼できる。しかも秋葉原の既製品ほどではないものの、けっして高価ではなかった。手仕事をする職人さん達の賃金が、今日のレベルよりずっと低かったからだ。

でき上がったエンクロージュアは良質なシナ材の合板製。造りもたしかで、表面はチークのツキ板による丁寧な仕上げだ。ＰＥ１６が入ったぼくの手造りエンクロージュアをその上に載せたので、両者の見た目の差は何ともみっともない状態だったが、ともかくこれで低音は40Hzまで出せることになった。

秋葉原へ行ってパーツ類を買い集め、400Hzぐらいをクロスオーバーにした2ウェイネットワークを自作。これが造れたのも、タダ読みをさせて貰ってきた各社オーディオ雑誌のおかげだ。

6半一発だったスピーカーにウーファーを加えて2ウェイにしたのだから、当然、低音は格段に量感を増した。だが実はそのいっぽうで、高域のダラ下がりはより強調され、生ぬるい低音の泥沼に腰まで浸かっているような感じだったに違いないが、それに気付くこともなかった。自分で何らかの手を加え、その結果として音が変化すれば、それは必ず音質向上がもたらした成果と思いたいものなのだ。逆に、それを即座に否定することができるのは、それなりのオーディオ経験が生む、たしかな判断力を身に付けてからのことだ。

だからぼくも当初は、ウーファーのプラスは大成功とご機嫌だった。バロックの通奏低音も厚みを持って鳴るし、それにパイプオルガンだってOKだ(と思った)。

だがこれは程度こそ違え、結局はカンチレバーを平板にして聴いたAT5Xのときと同じで、音楽としての全体的な整いや味わいのよさや、風格とか格調とかいったものは気にもされていなかった。ただ、普通は再生しにくい音域や音色が再生されているにすぎない。

それを無意味とは言わないが、でもそれが、音楽再生の望ましい要素として活かされてこそ価値あるものになるのだが、そのときは、ただ低音がボーボーと鳴るだけなのに、でもそれが嬉しかった。

しかし幸いにして、ぼくは暫くするうちにそのことに気付いた。「低音が出るようになったら、今度は高音が不足してきた」と。

ついに3ウェイになり、さらに……

かくして当初の1～2年は、このようにぼくのシステムを改良する（壊す）ことに夢中だった。

そして今度は高域が不足なのだから、トゥイーターを加えて3ウェイにすればいい。それも同じメーカーの製品が理想のはずと、パイオニアのドーム型トゥイーター「PT9」を購入。これはホーン型ユニットのホーンを外して、一見では平板型のようにデザインしたもので、トゥイーターらしからぬこのスタイルも気に入った。

オームさんとの付き合いは相変らずだったので、こうした折々に意見を求めたりもしたが、彼はほとんどの場合「いいじゃないか、やってみなよ」と言うだけだった。

今度はトゥイーターを加えたのだからもう高域もナローではなく、これでついに可聴帯域を完全にカバーするHi Fiスピーカーになったと思った。だが、そう思っていられたのも数ヵ月間のことで、どうも全体の音の感触があまり心地よくない。長時間聴いていると妙に聴き疲れもする。高域は刺激的だったりはしないが、でも艶っぽさは足りずに少しドライな印象もある。

そこで元の6半一発にしてみると、たしかにナローで物足りなくはあるのだが、でも聴き心地はこのほうがいい。

「そうか」とぼくは気が付いた。オームさんがSQ5BとPE16の組合せを選んだのは、ぼくがそれをベースに、さらにシステムを発展させようとするなどとは思っていなかったからだ。別にオーディオ好きでもないぼくが、癖っぽさのない心地よさで音楽を楽しめる手頃なシステムとして、彼はこの組合せを選んだのだ。その意味では、これはたしかに「黄金の組合せ」だった。しかし、それにウーファーを加えトゥイーターを加えて3ウェイにとなると、黄金の色艶は維持できずに薄れてきたのではないのか。

そう言えば、ぼくが「2ウェイにする」とか「3ウェイにする」とか言ったとき、オームさんはあまり乗り気ではなかったようにも思える。でもこうなったらもう先に進むしか途はない。

日本初のオーディオ用トランジスターアンプが登場したのは、1962年のトリオ（ケンウッド）製プリメインアンプ「TW30」だ。各社もこれにつづいたが先陣を切った功もあり、トリオのトランジスターアンプは人気だった。とくに64年に発売した「TW80」は、まさにトランジスターアンプならではの高性能機として評判になった。ぼくも事務所の近くのオーディオ店で聴いたことがある。そのときの印象では、ワイドレンジ感はあったが妙にクールな感触で膨らみにも乏しく、あまり魅力的なアンプとも思えなかった。

だが、スピーカーを3ウェイにした結果、レンジは拡がったものの、それが再生にうまく活きていないのではと疑いはじめた頃、そのTW80の音が、妙にこの3ウェイとの組合せに好ましいのではないかと思いはじめた。

そんな話をオーディオ好きの元クラスメイトにしたところ、暫くして電話をくれた。「友達の一人が、使っているTW80を手放したいと言っている。しかも、SQ5Bが不要なら物々交換でもいいって」と。ぼくにとっては願ってもない話だ。もちろん早速「OK」と返事をし、数日後、TW80を抱えて事務所に現われた初対面の彼に、ぼくのSQ5Bを渡して交換取引は終了。彼はぼくと違って口数の少ない人だったが、帰り際に「なぜTW80がいいんですか?」と、ひと言。ぼくが「トランジスターアンプを使ってみたくなって」と答えると、「そうですか。私はSQ5Bと迷って結局TW80にしたのだけど、後悔していたんです。だから私にとっては嬉しい話です。有り難う」と言って立ち去った。

その日、我が家への帰り道で、すでにぼくの頭の中ではTW80が、ぼくの3ウェイシステムを鳴らしていた。

事務所での鳴らし初めのときに買った『ソチエタ・コレルリ合奏協奏曲集』に、その後『Vol・2』『Vol・3』が加わったのでそれらも購入。箱物ではないまでも、ぼくにとってははじめての3枚組のセット物になったのだが、それとタイミングを合わせるように3ウェイが完成したので、最後の『Vol・3』は納得のいかない音でしか聴いていない。そのレコードがTW80により、ぼくの3ウェイの能力を存分に発揮させながら、頭の中では、透明で繊細で伸びやかに鳴っているのだ。

だが残念ながらそれは単なる白昼夢に過ぎなかった。早速我が家で鳴らしたその音は、鋭くて冷たくて無表情で耐えがたかった。数日かけてアッテネーターやトーンコントロールをいじってみたりしたが、そんなことで解決する問題ではない。

だがそれでもぼくはTW80を犯人にする気はなかった。そして、まさに冤罪としか言いようのない話だが、「もう、ほとんどがベルトドライブの時代だというのに、リムドライブなど使っているからいけないのだ」と、フォノモーターをパイオニア初のベルトドライブ機「MU41」に替え、例の木工店でキャビネットごと造り直した。こうしてその後しばらくは、そんな筋の通らないオーディオごっこがつづくことになる。

だが、いま考えれば、この間のメチャクチャな振る舞いが、ぼくのオーディオにとって何の成果も上げてくれなかったことが、後々まで貴重な体験として活きることになった。

オーディオとは、何を替えてもいじってもサウンドはガラガラと変る。しかし、ただそのことを面白がったり楽しんでいたりしていたのでは、何の進歩もない。進歩がなくてもその時点で楽しいことはたしかなのだが、でもその楽しさは、何時になってもそのレベルより上には向かってくれない、と。

事務所解散とステレオサウンド創刊

我々のデザイン事務所も間もなく満5年を迎えようとしていたが、仕事は順調で、ときにはアルバイトを雇う必要さえあった。しかしぼくは、満5年目を迎えた時点で事務所を去ろうと決めた。

事務所が順調なのは相棒のデザイン手腕によるものなので、このままではぼくは彼の助手に徹することになる。だがぼくは、やはりインダストリアルデザイナーを目指したかった。

事務所の仕事はグラフィック関連に限られていたが、その間にぼく個人に対しても、単発的な仕事ならば、といった話や、あるいは製品開発アドバイザーとしての個人契約といったような、インダストリアル関連の仕事の話も伝わるようになった。

そうした仕事だけで喰っていけるかの問題はあったが、当面はグラフィック関係の仕事も受けることで、フリーランスとしてなら何とかなるだろうと決めた。

オーディオテクニカをはじめとする事務所の仕事は、すべて相棒に譲ることにしたが、それなら事務所そのものを解散して、彼もフリーランスとして自宅で仕事をすると言う。かくしてぼくにとってオーディオテクニカの仕事は、１９６６年に発売した17㎝盤の『moving pulse／耳で聴くステレオ・テストレコード』が最後になった。ぼくはそのレコードの解説文を書いたことを覚えている。

共に事務所をつづけてきた相棒の名は「遠藤享（すすむ）」。彼は現在でもオーディオテクニカとは、少なくも年に一度のカレンダー制作などで関係をつづけている。そのカレンダーにも見られる彼独自のＣＧ手法による作品は、世界各国でのビエンナーレやトリエンナーレの版画部門でたびたび受賞。またそれらの作品は世界の多くの有名美術館での、パーマネントコレクションにもなっている。そしてこのような業績が高く評価され、１９９９年には「紫綬褒章」が贈られた。

1966年末に季刊「ステレオサウンド」創刊号（1967年冬号）が誕生した。創立者である原田勲さん（現・会長）とは、それ以前にオームさんの紹介でお会いした。その折りに原田さんは、ぼくが翌年からフリーランスになることを知り、「1年目は無理だが順調にいったら2年目から、雑誌の目次や扉などのデザインを頼みたい」と言ってくれた。もちろんぼくにとっては、インダストリアルデザイナーになるための、つなぎとしての仕事のつもりだったが、でも、オーディオに興味を持ちはじめたときであり、有り難くお受けしてその2年目を待った。

第三章　1967〜1968

「ステレオサウンド」誌の筆者になる

プリメインからセパレートへ

1966年12月に季刊「ステレオサウンド」誌の創刊号（1967年冬号）が刊行された。表紙は少々冴えなかったが内容は先行の各オーディオ誌とは一線を画すもので、趣味としてのオーディオに対する高邁な姿勢をうかがわせるに、まったく不足のないものだった。

もっとも、そこで語られていることの大半は、その頃のぼくにはまだ何のことだか、あまりよく理解できない話が多かったのだが、しかしオーディオとは単なる音遊びではないことを改めて認識させるものだった。

さらに翌1967年3月には、不満だったその表紙もデザイン・田中一光／写真・安齋吉三郎の両氏による見事なアートに生まれ変った、第2号が発売される。

そしてぼくはというと、3月に、相棒の遠藤さんと5年間つづけてきたデザイン事務所を解散し、無謀とも言えるフリーランスデザイナーの途を歩みはじめることになった。

でも、ぼくは完全な失業状態になってしまったわけではない。以前から話があった大阪のプラスチック加工会社との新製品開発アドバイザー契約が成立。それに新進カートリッジメーカーのＦＲ（フィデリティ・リサーチ）から、開発中というＭＣステップアップトランスに関するデザイン依頼の打診。このほかにいくつかのグラフィックデザイン関連の仕事などが、ある程度は期待できるような状況にはあった。それに前章でお話しした「ステレオサウンド」誌の目次や扉、そして本文レイアウトなどだが、でもこの件はまだ1年も先のことだ。

ぼくのオーディオはスタートから3年目に入っていた。この間にスピーカーは当初のパイオニア製16cm口径フルレンジ型のPE16一発から、同じくパイオニアのウーファーPW20Fとトゥイーターの PT9を加えた3ウェイに。そしてアンプはラックスの管球式プリメインアンプSQ5Bから、物々交換したトリオのトランジスター・プリメインアンプTW80に。またプレーヤーも、アイドラー型はもう古いとパイオニア初のベルトドライブ機MU41に買い替えた。そしてカートリッジはスタート時のオーディオテクニカAT3に戻り、アームは最初から変らずでAT1501。ただしプレーヤーのキャビネットは、近所の木工店で造ってもらったアクリル製の蓋付きで、出来がよく綺麗なものになっていた。

ではあっても結局ここまでは、ただ製品を足したり入れ替えたりしているだけのことで、その結果にじっくり時間を掛けて取り組むことはほとんどなかった。

その理由は単純で、事務所での仕事は夜更けまでが大半だったし、早めに終った日はオームさん（瀬川冬樹）と夜の新宿を呑み歩いていたからだ。当時の社会では週休2日制などまだ夢物語だったから、我々の事務所も日曜日以外は休まず、朝は9時から仕事をしていた。したがって残りは日曜日だけなのでオーディオに費やせる時間にも限度がある。そうなると、面白いとは思っていても結局のところあまり深く入り込もうとはせず、ただ表面的な音の感触の変化などだけを面白がることに終っていた。

ところが事務所を解散して気が付いてみると、ほとんど毎日が休日のようなものなのだ。だから今度は、当面、時間はたっぷりある。それに、これも当面のことではあるものの、退職金代りにと事務所の蓄えを二人で山分けしたので、オーディオに使えるお金の余裕も多少はできた。

やっとでき上がった3ウェイのシステムが、どうしてもいい感じの音で鳴ってくれないのは、結局、SQ5Bと替えたトランジスターアンプ、TW80の音に原因があったのだが、でもぼくはそれを認めたくなかった。なぜならSQ5BとTW80を交換したときに、TW80を持ってきた彼が別れ際に言った「なぜTW80がいいんですか?」のひと言が、妙に頭の奥にこびりついていたからだ。しかも、もしかすると本当は「私と同じように後悔することになるかもしれないですよ」、と言いたかったのではないかとさえ思えてきたのだ。

オーディオに関しては、どう見ても彼のほうが経験豊かな感じだったから、彼の言わんとすることが正しいのでは、と思いつつも、いっぽうでは自分の選択に間違いはないとも思いたかった。

そんなとき目に付いたのが、ビクターのひじょうにコンパクトな(幅20㎝強×高さ10㎝弱)トランジスター・プリアンプ「ＭＣＰ２００」と、同サイズのトランジスター・パワーアンプ「ＭＣＭ２００」だ。「そうか。スピーカーが3ウェイのシステムにもなると、もうプリメインアンプでは鳴らし切れないのだ」と、何とも実に自分勝手な理屈をつけてＴＷ８０の追放を企てた。

ビクターのこのコンパクト機シリーズは、１９６６年のプリメインアンプ(ＭＣＡ１０３)と、ＦＭ／ＡＭチューナー(ＭＣＴ１０３)でスタートしたのだが、この2モデルは縦型スタイルだったことから妙に玩具っぽいイメージになり、ぼくは好きになれなかった。

だがつづいて登場した前記ＭＣＰやＭＣＭは横型スタイルになって、すっかりイメージを一新。でも、そのときのぼくは「なぜこの小型サイズなのか」まで考える知恵はなかったのだが、コンパクトなウッドキャビネットも洒落ているし、パネルフェイスも精密感があってかつキュートと、すっかりこのコンパクトなアンプに惚れ込んでしまった。

後になって分かってきたことだが、このコンパクトサイズの理由は、回路のトランジスター化を訴求する意味が第一。そして第二は、オーディオマニアの間に浸透しはじめたマルチアンプ方式への対応性だった。

当時のオーディオマニアの間では、スピーカーシステムはメーカー製の完成品より、単品のスピーカーユニットを組み合せた自作のほうが多数派の感じだった。ということは、市場にはそれだけ多くの単品ユニットがそろっていて、マルチアンプ・システムへの門戸も大きく開かれていたことになる。ただしマルチアンプ方式のもう一つの問題は、台数を増やさざるを得ないアンプや、チャンネルデバイダーなどの設置スペースである。オーディオのために使える部屋の標準的なサイズが、和室の6畳（ぼくの部屋もそうだった）という時代だったのだから無理もないことだ。だが、このコンパクトサイズなら小さなラックにすべてを納めることができる。

現にこのシリーズには、同サイズのチャンネルデバイダーやグラフィックイコライザーなども加わったのだが、どちらもそのときのぼくには興味のないものだった。

プログラムソースの状況

話題は少し変るが、いまFM／AMチューナーの話が出たところで、1960〜70年代当時のオーディオ用のプログラムソースについて、少し振り返ってみることにしよう。

もちろんプログラムソースの中心はステレオレコードで、ディスクサイズは30cm径。回転速度は1分間に33と3分の1回転（3分間で100回転の意味）。この30cm盤以外に、少数ながら25cm盤やコンパクト盤とも呼ばれた17cm径のディスクもあった。またステレオLPの初期には、片面で1時間の再生を目指した16回転盤も現われたが、これは音質の面などからほとんど普及しなかったようだ。でも当時のプレーヤーの一部に、78／45／33回転の3スピードではなく、さらに16回転を加えた4スピード切替え機があったのはこのためなのだ。

それとは逆に、その後、高音質を掲げた30cm径の45回転盤が登場し、これが好評を博したのはご承知と思う。オーディオマニアにとってのプログラムソースは、やはりクォリティ第一だったのである。

その45回転盤にはほかに、17cm径のEP盤や、ディスクの形状からドーナツ盤とも呼ばれたシングル盤などもあったが、でもこれらは、あまり音質的に満足な結果が得られず、オーディオマニア向けのソースとして認知されるには至らなかった。

ステレオ再生に関しては、1958年にスタートしたステレオレコード以前の1950年代半ばあたりから、オープンリールテープによるステレオ再生がアメリカを中心に拡がっていた。また日本でも1960年代の半ば以降は、アカイ、ティアック、ソニーなどの各社から、ステレオ録再が可能なテープレコーダーやテープデッキが続々と登場しはじめていた。

さらにカセットテープもこれに加わるのだが、オランダのフィリップスが1号機を発表したのが1962年。日本では1号機のアイワ製が1966年なので、いわゆるカセットテープ時代の到来はもう少し後のことだ。

FM放送は1950年代末から、東海大学のFM東海が実験放送を開始し、1963年にはステレオ放送（当初はAM—FM方式）もスタート。本放送は1968年からになるのだが、1964~67年頃には、日本の各オーディオメーカーもFMチューナーに力を注ぐようになり、新しいオーディオソースとして根付きはじめた。

そして、さらにその少し先の時代を覗けば、1970年代に入るとサンスイのSQマトリックス4チャンネル方式が誕生。つづいてビクターのCD4方式もこれに加わり、4チャンネル再生競争を展開することになる。

といったようにこの1960年代の後半は、熟成期に入りつつあるステレオレコードを中心にしながらも、加えてオープンリールテープやFM放送。さらにそれらを追ってカセットテープや4チャンネル再生などと、オーディオの世界はまるで宇宙のビッグバンにも例えたくなるような、急速な拡大の時代を迎えつつあった。この結果オーディオブームと呼ばれた時代に突入するわけだが、その最大の要因となったのは、次々に登場する新しいプログラムソースへの興味だった。

したがってひと言にオーディオマニアといってもレコード再生派ばかりではなく、「テープのほうが絶対に本物」と主張する人達もいたし、「いや、FM放送こそこれからのオーディオの主役」という人もいた。このようにオーディオは多彩なソースを手にしたことで、まさに大きな繁栄の時代に向かって歩みを早めていったのだった。

で、ぼくはと言えば、なぜかテープにはまったく興味が持てなかったし、FM放送も、大きなアンテナを立ててまで聴こうという気持ちにはなれなかった。だが、レコード再生への興味は日毎に高まりを表わし、どうやらオーディオマニアらしい自分を感じるようになりはじめていた。

高性能機に一新したADプレーヤー

カートリッジメーカーのFRとは、日本オーディオ協会が主催するオーディオフェアの会場で、オーディオテクニカのための展示作業をしていた折りに、社長の池田さんと知り合った。その後、ぼくがフリーランスになると知って、「その頃には当社の新しい昇圧トランスの試作設計が終るので、その外装デザインを頼めるだろうか」との打診を受けていた。

でも、この種のことは予定より遅れることはあっても、早まることは滅多にない。だからやはりこの場合もぼくがフリーになった時点では、そのトランスはまだデザインに取り掛かることはできなかった。

もう暫く待ってください、との意味もあったのだろう。「オーディオがお好きなら、MM型カートリッジではなく当社のMC型も使ってみてください」と、空芯型のMCカートリッジ「FR1」と、単3バッテリー電源による小型ヘッドアンプ「FTR2」。さらに軽質量型アームとして人気だった「FR24」をプレゼントしてくれた。まだ仕事に取り掛かってもいないのに随分気前のいい人だなとも思ったが、有り難く頂戴した。

当時のカートリッジはMM型が圧倒的な多数派だった。対するMC型は少数派で、以前からあったコロムビア(DENON=デンオン)のDL103や、ユニークな構造をもつサテン。それに海外製ではオルトフォンのSPU/GTなどだった。しかしこの頃から日本のMC型が急増しはじめ、FR1もその一つだったわけだ。ちなみにFR1の値段は1万2千6百円。オルトフォンのSPU/GTは2万1千円前後だったと思う。

かくしてはからずも、ぼくのプレーヤーはそのMC型を搭載する最新鋭機になった。ベルトドライブ型に替えたフォノモーターのMU41は、たしかにそれまでのアイドラードライブ型よりS／Nがよく、何となく漂っていたノイズ感が拭い去られたような、透明な音を聴かせてくれて驚かされた。

FR1とFR24の組合せは当時人気の高性能ピックアップで、ことに空芯のMC型カートリッジFR1のサウンドは、デリカシーに富んだ表現力の高さが評判だった。それに同じMC型でも、太めのタッチで描くオルトフォンとはまったく異なる、線描画のようなタッチが特徴的で、MC型を好む人達でもオルトフォン派とFR派に分かれる感じすらあった。

この送り出し系と、コンパクトさが気に入って買ったセパレートアンプ「MCP200＋MCM200」が、ぼくの3ウェイスピーカーを鳴らしはじめたのだ。

これまで常にそうだったのだが、システムの何かを替えて音が変化すれば、最初は必ず、その成果が上がった結果の音質向上と確信して喜ぶ。もちろん実際にそれまでより音質向上の部分もある。だからその部分ばかり夢中になって聴く。しかしそれとともに音質が減じる部分も生じたりするのだが、でもそれには気が付かない。気が付きたくないという気持ちもないわけではないが、ともかく、なかなか気が付かない。

でもこの場合、そのままずっと気付かずにいる人を「幸せな人」と呼ぶべきか、あるいは「不幸な人」と呼ぶべきかは、極めて難しい問題である。

当然のこととしてぼくも、一新したシステムの新鮮なサウンドに恍惚として聴き入った。

プログラムソースの中心は依然としてバロック曲だったが、それもヘンデルやバッハから次第に時代を遡り、ルネッサンス期や中世の、宗教曲や世俗曲などにも興味を持ちはじめていた。と言ってもこの時代の音楽は日本盤が少なく、かつ、輸入盤は容易に買うこともできなかったので、ほんの何枚か持っていたという程度のことである。

それらの曲の、とくに中高域に関してだが、響きに硬さや鋭さを感じさせないマイルドなものであって欲しいとするのが、ぼくの好みだった。もちろん響きに硬さや鋭さがあったほうがいいと思う人などはいないのだから、ぼくの場合は必要以上にマイルドな鳴り方を求めたと言ったほうがいいだろう。ことに声や木管や弦楽器などの硬さや鋭さは耐えられなかった。

では一新したシステムは、それらをこの上ないマイルドさで聴かせたのかというと、そうではないのだ。マイルドに聴かせるということでは、最初の6半一発とSQ5Bのほうがずっとマイルドだった。でもそこに、どうしても物足りなさを感じはじめたわけだ。

そして今回のシステムでは、もうマイルドさで聴かせる再生ではないとも言える。もっとも、この時点でぼくが言っている「マイルド」とは、いま考えれば、ただトロンとして丸っこい感触に過ぎなかったのも事実だ。

プリアンプＭＣＰ２００とパワーアンプＭＣＭ２００は、ＴＷ８０と同様にトランジスター機ではあるが、トランジスターがまだ実用化早々の、いわば日進月歩の時代だっただけに、両者の音の差は歴然としていた。それまでは、ぼくの3ウェイのスピーカーそのものの、音のつながりが悪すぎるのではないかとさえ思いがちだったのが、すっかり払拭されて滑らかな一体感が生まれた。しかも中高域は、ぼくが好んでいたマイルド感とは異なり、もっと質感が透明で、さらに高域にかけては繊細でキメ細かな描写が浮き上がってくる。当然、楽器それぞれの音の感触や表情の違いなどがより明晰に伝わってくる。

それには、アンプの違いもさることながら、カートリッジの性能の差も明らかに加わっているると思わざるを得なかった。これまでは拾い残していたのではと思える音が、ここではいくつもいくつも浮かび上がってくる。しかもそれらが演奏の濃やかな表情やメリハリや、それぞれの楽器の音の持ち味などを、よりリアルで官能的に聴かせてくれるのだ。

とは言っても、ルネッサンス期や中世の音楽を奏でている楽器の多くは、レコードのライナーノーツに描かれた挿絵などから知れる程度で、実物は見たことも聴いたこともない楽器ばかりだ。でもそれらを、よりリアルに再生していると感じさせるのだから、ピックアップをはじめとするシステムの表現力の向上ゆえに他ならないと思った。

要するに、それまでは感じたことのなかった音色の瑞々しさや、単にスピーカーが鳴っているイメージとは、ほんの少しだが、でも確実に異なる、生き物の気配に通じる湿り気や温度感のようなものを感じさせるようになったのである。そのときぼくは、以前、最初に聴いたオームさんの部屋の音の感触を想い出した。あのときぼくはその不思議な魅力を、「これは一体何だろう」と驚いただけだったが、これが単なるレコード再生と、趣味としてのオーディオとの違いなのだと気付いた。

でも、この話にはもう一幕あって、すっかり有頂天になっていたぼくは、まるで突然、平手打ちでも食らったかのような想いをすることになる。

その数ヵ月後、ＦＲの新しいＭＣ型カートリッジ用昇圧トランスの試作が終了し、デザインを開始することになった。カートリッジのＦＲ１がマイナーチェンジされ、ＭＫⅡとなるのに合わせて発売する「ＦＲＴ３」というモデルだ。同機の特徴は、心臓部となるトランスが一般的なＥＩ型などのような組合せコアではなく、当時まだ珍しかったドーナツ状のコアにコイルを巻いた、トロイダル型だったことだ。

暫くしてデザインも仕上がり、翌１９６８年には発売のはこびになった。ぼくにとってはじめてとなるインダストリアルデザインの仕事がオーディオ機器だったというのも、いまにしてみれば、ぼくの人生とオーディオとの因縁のようなものを感じなくもない。

完成したトランスをぼくに手渡しながら池田さんは、「前のＦＴＲ２はもう使わずにこれに入れ替えてください。あれは、あまり評判がよくなかったのでディスコンにしますから」

と言う。「だけどぼくは、あの組合せの音にすっかり痺れていたのに」と言うと、「少し高域の細かい音がギラ付くのです。まだトランジスターは、こうした小信号には無理なんですね。でも今度のは完璧。それにデザインもいいし」と、ひと言お世辞も付け加えてくれた。

平手打ちを食らったのはこの後である。家に帰ってさっそくFTR2をFRT3に替え、いつものレコードに針を降ろす。ボリュウムを上げて、まだ導入溝の部分ですぐに「オヤッ」と思ったのは、盤のランダムノイズの質感が違うことだ。ノイズのキメが細かいのだ。音量が小さいのかと思ったが、曲が鳴りはじめると、むしろいつもより大きいぐらい。でも「ピチッ」「パチッ」といったランダムノイズは、角が丸っこくなったのではなく、明らかに切れがよくなり耳に付きにくいのだ。

いっぽう問題の楽器の音はというと、これまでの音のリアリティと明らかに異なるのではないが、ただし音の品位は格段に高い。この再生に少しずつ耳馴染んでゆくと、これまでの音が表情の要所、要所を、多少わざとらしく誇張していることに気が付いた。それは明らかに再生の品位を損ない過剰な表現になるのだが、でもぼくは、それをリアリティの向上と思い込み、すっかりご機嫌になっていたのだ。

「この愚か者め！」と、ぼくの頬に平手打ちが飛んだのはそのときだった。

筆者デビュー

「ステレオサウンド」誌のレイアウトは1968年3月発売の、第6号から引き受けることになった。したがって1月末あたりから、編集部との進行の打合せや確認のために、ステレオサウンド社を訪れることが多くなった。

当然のことだがそこには、特集取材用や新製品紹介用などに集められたオーディオ機器が、数えきれないほど並べられている。しかもそれらをただ眺めるだけではなく、試聴室が空いているかぎり編集部に声を掛ければ、若いアルバイト社員などが喜んで準備をし、聴かせてくれる。

これは買い物のための製品選びや仕事のための試聴とは違い、単にそれぞれの音の違いや良し悪しなどを聴き分けることだけが目的なので、実に楽しい遊びである。ぼくは、別に用事もないのに暇さえあれば（実際に暇は多かった）ステレオサウンド社に向かって車を走らせた。

「ステレオサウンド」誌は6号が無事に発売され、つづいて、アナログ特集を掲げた第7号の制作に入っていた。

現在では雑誌のレイアウトなどもすべてコンピューター上で進められるが、その頃はすべてが手作業。まず原稿に文字の級数や字詰めなどの指定をして写真植字に出す。すると翌日、印画紙に文字が焼き付けられた写植になって戻って来る。次にその写植を掲載写真などのレイアウトが済んだ台紙に、ハサミで切って糊貼りし、最後にノンブル（ページ番号）を貼り付ける。台紙は4ページ分が1枚になっていて、これを4枚。すなわち裏表で16ページ分が「1台」と呼ばれる印刷単位なのだ。印刷会社ではこの4ページ分を巨大なカメラで写真撮影し、製版用の1枚の大きなフィルムにする。

その日ぼくは、とっくに締め切り日が過ぎている最後の16ページ分の原稿を待っていたが、夕方になっても入稿しない。本人が「必ず持って行く」と言ったのだから待つしかないが、翌朝までに原稿を整理して写植に出さなくては、発売日に間に合わないことになるのだ。しかし深夜まで待っても来ない。携帯電話もインターネットもない時代だから、どうにも手の打ちようがない。

その16ページ分の前後は、すでにノンブルも打ち込んだフィルムになっているので、今更この16ページ分を削除することもできない。

こうなったら仕方がないと、編集部の引き出しから、カートリッジやトーンアーム、それにフォノモーターやプレーヤーシステムなど、プレーヤー関連の写真をすべて集めてもらい、計50例ほどからなる「プレーヤーシステム・コスト別お買い物ガイド」と題する原稿をでっち上げた。文章は各4〜5行ほどなので朝には原稿を写植に出せた。

ぼくは当然このページは編集部制作扱いと思っていた。暴露話になってしまうが、まだ発足間もない「ステレオサウンド」誌では時にそんな例もあり、そうした場合のためのペンネームも用意されていたのだ。

その日、目が覚めると机の上に「ステレオサウンド」誌7号が置いてあった。「おお、でき上がったか」とページをめくると、五味康祐先生の原稿につづくトップ記事の位置に、例の「お買い物ガイド」が掲載されている。その筆者名を見てぼくは仰天した。編集部用ネームにつづき、何と「柳沢功力」の名があるではないか。これは何だと思ったが、もう如何とも し難い。編集部に電話すると、「徹夜で間に合わせていただいたのに、お名前を掲載しないわけにはゆきませんから」と言う。かくしてぼくは、突如、「ステレオサウンド」誌に筆者デビューしてしまったのである。

ちなみにあの日、ついに原稿が間に合わなかったのは、筆者陣の代表の一人と言えるオームさん(瀬川冬樹)だったのだ。だから五味先生につづくトップページが用意されていた。そのページでぼくが図らずも筆者デビューするというのも、いまにして思えば何か因縁めいたものを感じなくもない。

しかもつづく第8号では諸先輩方にまじり、「オーディオアンプ最新66機種の総テスト」と題する特集に、テスターとして加わっているのだから驚く(呆れる)。編集部から「もう筆者デビューしたのだから、胸を張って堂々とやってください」などとおだてられて、その気になったような記憶がある。

それにしても66機種とは凄い数だが、その頃の試聴テストはこれぐらいの機種数が普通だった。このうち24機種が総合アンプ（レシーバーの呼び名はまだ使われず、トライアンプとも呼ばれた）。18機種がプリメインアンプ。残りの24機種がセパレート型のプリアンプとパワーアンプ。ぼくはセパレート型には加わらなかったが、総合アンプとプリメインアンプ計42機種の試聴に、厚かましくもテスターの一人として加わっていた。当時の読者の方々には、深くお詫び申し上げます。

最高の遊び場になった試聴室

こうしてぼくは「ステレオサウンド」誌7号で突如、筆者デビューすることになったが、しかしぼくは、いわゆるオーディオ評論家になろうとの気持ちはまったくなかった。目指すのはあくまでもインダストリアルデザイナーとしての自立であり、筆者は単なるサイドワークと位置づけていた。もっともその時代は「ステレオサウンド」誌に限らず他誌も含めて、本業を別に持つ筆者もけっして少なくはなかったのだ。

ぼくが足しげくステレオサウンド社に通ったのは、そこが、オーディオの面白さにすっかりはまり込んでしまったぼくにとって、この上なく楽しい場所だったからだ。その結果としてぼくのシステムは、より目まぐるしく変化しはじめることになる。

ぼくがまず疑問を抱くようになったのは、プリアンプＭＣＰ２００とパワーアンプＭＣＭ２００だった。このペアは自分で惚れ込んで買ったのだが、でもその惚れ込みは音よりもコンパクトな造りとスタイリングだったことに、次第に気が付きはじめる。と言って音が悪かったのではない。だが、以前のプリメインアンプＴＷ８０との格差にばかり神経が向けられ、その結果として、ぼくのシステムにとって好ましいアンプと思い込んでいたとも言える。だが、もう一歩冷静な判断ができるようになってみると、ぼくのシステムの中における、音色的な意味合いでの存在価値は、あまり高くないのではと思うようになった。

そのきっかけは前記した「ステレオサウンド」誌8号でのアンプ試聴だ。ぼくはセパレート機の試聴には参加していなかったが、個人的には、担当した総合アンプやプリメインアンプより、セパレートアンプの中に聴いてみたい製品が何機種もあった。

聴きたい理由は、とくに自分の買い物探しというわけではなかったのだが、「これは魅力的」と思うアンプに出会ったりすると、自然に「自分のシステムとの相性は？」と思ったりするのは当然のことだ。

その一つがアメリカのダイナコ製プリアンプ「PAT4」と、パワーアンプ「STEREO120」の組合せだった。とくにサウンドの温度感のよさに惹かれ、この音なら我が家のスピーカーがもっと活きるに違いないと思った。

何しろ、まだ円対ドルは固定相場制で（1971年のニクソンショック以後、変動相場になる）、1ドルが360円もした時代だから海外製品のほとんどは高嶺の花である。しかしダイナコは例外で、管球式の前作からソリッドステート化されたばかりの（この頃からソリッドステートと呼ばれはじめる）PAT4が、5万2千円だから国産機並み。ソリッドステート化では一歩早かったパワーアンプも、9万4千円だからこれも国産機並みだ。

このとき他に、あまりのデザインの見事さに惹かれ、とても買える値段ではないと承知しつつ聴いてしまった製品がある。それはマッキントッシュ初のソリッドステート・パワーアンプ「MC2105」だ。同時にプリアンプ「C24」も用意されていたのだが、これは管球機「C22」ゆずりのパネルフェイスがあまり冴えなかったし、ソリッドステート化した音も同様にあまり冴えなかった。

パワーアンプのほうはデザインばかりでなく、サウンドも本当に腰を抜かさんばかりの素晴らしさだった。しかし値段は45万円。当然あきらめざるを得ないのだが、ブルーとグリーンのイルミネーションが美しいガラス製のパネルフェイスと、力感ばかりでなく懐の深い表現力を備えたそのサウンドの魅力は、ぼくの心の中に深く刻み付けられることになったのだった。

しかし、このときぼくが購入を決めたアンプは、やはり前記ダイナコのペアだった。

閑話1

ブルの話

ブルの超能力

それは、ぼくが中学2年生だったから1952年の秋のことだ。夜おそく酔っぱらって帰ってきた父が、夜道で後をついてくるので連れて来ちゃったと言って、生後一ヵ月ぐらいの雄の仔犬を上着の懐から出した。翌朝、コロコロして丸っこくて鼻ペチャのイメージから、仔犬は「ブル」と名付けられ、以来、当然のごとくぼくが世話係となり我が家ではじめての飼い犬になる。ただし現在のように犬を家の中で飼う人はほとんどいない時代だったので、ブルも鎖につながれ、有り合わせの木の樽を小屋代わりにして飼うことになった。

当時の我が家は「我が家」と呼べるようなものではなく、東京板橋区の志村にあった、父が勤める倒産寸前の会社の独身寮だった。その会社は大手の軍事関連会社で戦時中は日本各地に支社があったが、敗戦と同時に各地の工場はそれぞれに業種を変えて倒産を逃れようとした。富山工場で終戦を迎えた父は各地の工場の戦後処理を命ぜられたようで、家族とともに、まず岡山の水島工場に転勤した。

さらにその3年ほど後に、父は板橋の東京本社に単身赴任したが、ついに東京本社の存続も危うくなってきた。

きっと会社の費用で引越しができる内にとの意味だったのだろう。住む家もないまま、本社の独身寮にはもうほとんど残っている人もいないので、その部屋をいくつか使えばいいだろうと、大急ぎで我々家族も東京に引き上げてきた。ぼくが小学校6年生の夏休み中のことだ。

木造2階建の大きなこの寮は、もともと雪国の富山工場にあったものを板橋に移築したのだそうで、分厚い板材や太い柱などによる立派な建物。部屋数も40室以上はあったが、住んでいる人はすでにほんの数人。部屋以外にも大浴場やら大きな食堂や調理場などもあるのだが、もちろんどれももはや使われておらず、がらんとして床には埃が積もっていた。ブルは、すでにガラス戸が外されて外からの出入りも自由な、広い食堂の窓際を陣取った。

ブルがコロコロと丸っこくて鼻ペチャだったのはその後ほんの数ヵ月のことで、しばらく経つともうフサフサの尻尾をなびかせる、黄金色で長毛の立派な中型犬になり、食堂の樽小屋で元気に育った。拾ってきた犬なので犬種は定かでないが、近所の犬好きの人が「どうも樺太犬の血が入った雑種らしい」と言っていた。

その頃、犬は放し飼いが当たり前で、常に鎖でつないでいたり塀の中に閉じ込めておいたりするのは、喧嘩っ早い犬か人に危害を加える危険な犬だけだった。ブルもまだほんの仔犬の頃はつないでいたが、1年も経った頃にはほぼ放し飼い状態になる。当時は自動車もあまり走っていないし、それにその時代の志村一帯はほとんど畑と田んぼだった。

中学校は家から北の方向へ10分足らずのところにあった。始業は8時半ごろだったが、ぼくは毎朝8時10分には家を出た。朝、寮の大きな玄関を出ると、ほとんどの場合そこにブルが尾を振って待っていて、学校に行くぼくの後をついてくる。学校に着いて、2階の教室の窓際にあるぼくの席から下の道を見ると、ブルがそのあたりの道で遊びながら時折ぼくのほうを見て、また遊びはじめる。20分か30分ほどそんなふうにしているが、気付くといつの間にか居なくなっている。毎朝9時には母がブルの朝食を小屋のところまで持って行くのだが、その時間にはちゃんと小屋の前で待っているとのことだ。

ところが朝ぼくが外に出てもブルが居ないことがある。でもすぐにどこからかハアハア息をきらして戻り、いつものようにぼくの後をついてくる。だがときには、ぼくが学校に向かいはじめても戻ってこない日もある。そんなときは、しばらく行った畑の中に十字路があり、ブルはその十字路の東（右手）の方向から夢中で走ってきて、ちぎれんばかりに尾を振ってじゃれつきながら、いつものように学校まで一緒についてくる。

というのも父の会社は寮から東北の方向に10分ほどのところで、始業は8時だから7時50分ぐらいに家を出る。父の話ではそのとき、ぼくの登校時と同じようにブルが玄関で待っていて、父と一緒に会社まで行くとのことだ。そして父が会社の建物の中に入るまで門のところで座って待ち、建物に入ったのを見届けると大急ぎで引き返して行くとのこと。

しかしときには、父が会社の門をくぐっただけで、まだ建物には入っていないのに、ふと見ると大急ぎで戻って行くこともあると言う。「考えてみると、ちょっと家を出るのが遅かった日なんだ」とのこと。「そればかりかもっと遅くなった日などには、途中で気がつくとブルがいないので振り返ると道の真ん中でお座りをしている。そして目が合うと立ち上がって家に帰るしぐさをする。そこで、ヨシ！　と言ってやると大急ぎで戻って行く」とのことだ。そうか、そんな日に寮まで駆け戻ってきたり、ときにはもう間に合わないと思って寮に戻らず、途中からショートカットして例の十字路で追いつくというわけか。

ところが父は「しかしお父さんが家を出たときにブルが居なくて、どこからか大急ぎで戻ってきたり、ときには戻ってこないので会社に向かいはじめると、ほら会社へ行く途中に小川があるだろう。あの川沿いの道を右手のほうからハアハアいいながら走って来ることもある。だからお父さんの前にも、誰かを何処かまで送って行くんだよ」と言う。川沿いの道を右手のほうからということは、父の前に誰かと南の方向に行っていたことになる。そう言えば寮から南東へ15分ほどのところに、都電の志村坂上という終着駅がある。寮に残っていた何人かの人達もすでにどこかで新しい仕事に就いていて、朝、それぞれに志村坂上の停留所に向かっていた。それ以外には都心へ行く手段がなかったのだ。

そんな話を聞いていた母が「それじゃきっとMさんよ。朝7時半前にはもう出掛けて行くから」と言う。Mさんとは寮に残っていた何人かの一人でまだ30歳ぐらいの男性。とても大人しい人で、しかもたしかに犬好きらしく、日曜日などにぼくがブルと遊んでいると一緒になってブルと遊ぶ。ブルもMさんによくなついている。

そんな2人と1匹で遊んでいたある日、ぼくはMさんに訊いてみた。すると「そうだよ、毎朝一緒に志村坂上の停留所まで行くんだよ」との答え。そこで父の言っていた川沿いの道の話をすると、「ああ、そうなのか。朝、いつもの7時20分に寮を出たときはちゃんと停留所までついてきて、電車が出て行くまで歩道でお座りをして見送ってくれる。ところが日によっては電車に乗って歩道を見るともうブルはいなくて、坂下のほうに走りはじめている。それだけではなくときには、坂の途中でお座りしてついてこないんだ。はじめはなぜなのか分からなかったけど、要するに時間だったのだ。考えてみたら、いつもより1台か2台おそい電車で行こうなんて日がそれなんだ。寮に帰って朝御飯を貰うためかと思っていたけど、ご飯の前にまだやることが沢山あったんだ。ごめんねブル！」とブルの頭を撫でる。

やはりそうだったのか。でもそうなるとブルの頭の中には時間と方向と距離の感覚がぎっしり詰まっていることになる。寮を起点にして志村坂上の停留所までは南東の方向に約1キロメートル。父の会社へは北東に約7～800メートル。中学校は北へ同じく7～800メートル。ブルは朝7時20分にMさんと坂上に向かって、停留所に着くのは7時35

分ごろ。5分後に電車が出たとしても7時50分までには寮に戻れる。すると父が出てきて会社まで10分弱。そこからブルなら5分もあれば戻れるから、8時10分に出掛けるぼくを玄関で待てるわけだ。

　でもこれはすべて順調に進んだ場合で、Mさんが今日は少し遅くてもいいんだなんて、7時半近くになって出掛けたりすると大変。もう停留所まで送って行くと次が間に合わないと分かっていて、坂の途中でバイバイし、しかも寮に戻る時間がないと判断すれば、西北方向の寮に向かうのではなく途中から川沿いの道をほぼ真っ直ぐに北上し、東に向かう父と合流するわけだ。

　また父の出社が遅れた場合には、これも寮には戻らず途中の道を西に直進し、畑の中の十字路でぼくと出会う。寮、停留所、父の会社、ぼくの中学校の各位置関係はもちろん、それらを結んだ地域内の各道路の関連や、その間の所要時間、さらには父と川沿いの道で会えるのはあと何分後なのかや、ぼくが畑の十字路を通過するのは何分後かなどすべてが、超能力犬でもあるかのようにブルの頭の中には詰まっていることになる。

　もちろんブルにとってもっとも重要なのは9時の朝食だろうから、その少し前には間違いなく食堂の小屋に戻っている。朝食の後は小屋の中で眠ったり、寮の周りを多少歩き回る程度で、放し飼いでもけっして勝手に遠出をすることなどなかった。

憎っくき運転手

間もなく父の会社はついに倒産し、我々も寮に住みつづけることができなくなった。しかし幸いにして墨田区の向島に住んでいた叔母が、以前に使っていた近くの古い家が空いているから貸してくれるというので、そこへ引越すことになった。もちろんブルも一緒にだ。引越しはぼくが中学3年の正月明け早々のことだったから、ブルが志村で育ったのは1年と数ヵ月ほどのことだ。とくに我々3人を順に送ったりしていたのは、今考えると長かったようにも思えるが、実際にはブルが1歳近くになった頃からの、ほんの3〜4ヵ月間だったことになる。

向島はそれまでの志村とは違い、町中ではほとんど土を目にすることさえないほどだった。だが幸い我が家があったのは俗に「土手下」と呼ばれる地域で、向島の花柳界が隅田川の土手まで迫り、この土手に細い道1本を隔てて接している一帯だ。したがって我が家は、玄関を出てその道を渡ると、高さ1メートルほどのコンクリート壁の上はなだらかな傾斜地になり、その上が土手のお花見で知られる桜並木の道路だ。この土手が向島の桜餅で知られる長命寺のところから、下流に向かって東武電車の高架下まで1キロメートルほどつづいている。

向島に来てからも食事以外のブルの世話はぼくの役割で、よほど特別なことがない限り家に帰るとまずブルの散歩に出掛けた。ことに暇な日曜日などは自転車にブルをつないで遠出をする。家の前の桜並木の土手を過ぎてさらに隅田川の下流に向かい、本所、両国、といったあたりまで来ると、江戸時代におきた明暦の大火災のあとに区画整理された道路が、碁盤の目のように行き交う。しかも関東大震災後、道路はさらに拡張されたので広い道路が行き交う地域になる。その当時はこの道路の間を縫うように隅田川に通じる運河が何本も通っていた。そのため道路は、真っ直ぐではあるが数百メートルごとに荷役の船が通過する運河を越えるための、アーチ状に大きく盛り上がった橋を渡ることになる。

自転車のハンドルに少し長めのリードでつながれたブルは、信号もなく車もほとんど走っていないこの広い道を全速力で走る。ぼくはまったくペダルを漕がず、逆に時折スピードを落とすためにブレーキを掛けるほどだ。ブルはそのまま走らせておくと小1時間ぐらいは全力疾走し、木場の先の東京湾にまで行ったことが何度もあった。

走るブルを後ろから見ていると、ただ前だけを見ているのではなく走りながら時折ぼくのほうを振り返って、いかにも「どうだい！」と言わんばかりの得意気な表情を見せる。そしてまたフサフサした尻尾を左右に大きく振りながら全力疾走をつづける。それはまるで雪原を駆け抜ける犬ゾリのようでもあり、そう言えば志村で「樺太犬の血が混ざった……」

と言われたことがあったが、あれは本当だったのかもしれない。

そんなある日曜日のこと、例によって深川あたりを走っていたのだが、あまりにも道ががらんとして人も車もいないので、一休みしたときにブルを放してやった。するとそのあたりをクンクン嗅ぎながら広い道路を渡って向こう側の歩道に行き、またクンクンと嗅ぎまわる。しばらくしてぼくのところに戻ろうと道路を横断してこちらに近づいてきた。

そのとき、右手のほうから疾走してくる車のエンジン音。あわてて「ブル！」と呼びながら音のほうを見たが、すぐそこが例のアーチ状に盛り上がった橋になっていてその先は何も見えない。だが次の瞬間、その橋のてっぺんに全速力で走ってきた小さな乗用車が現われ、ブルを見て急ブレーキを掛けながら転がるように橋を下ってきた。そのブレーキ音に驚きブルも慌てて道を渡りきろうとしたのがいけなかった。止まりきれなかった車はブルの横っ腹に正面から衝突し、一瞬にしてブルは1メートルぐらい撥ね上げられた。

車は当時、小型乗用車の代表でもあったフランスのルノー4CVで、リアエンジンの4ドアセダンなのだがサイズは小さく車高もひじょうに低い。

この車にボンッ！　と撥ね上げられたブルは、まずボンネットの上に落ちて転がり、そのままフロントガラス、ルーフ、リアのエンジンルームなどの上を転がりながら後方の路上に落下した。急ブレーキを掛けた車はその30メートルほど先でやっと停止した。

ぼくは全身から血の気が引くのを感じながら路上に横たわるブルに目をやった。するとそのとき、ブルはぴょこんと何事もなかったかのように起き上がった。「あっ、立った」。そして「ブル」と呼ぼうとしたとき、車の運転手も犬の様子を見ようと車外に出てきた。

それを見たブルは突然、「ウォー!」と叫び声をあげながら運転手めがけて突進。運転手は驚いて車に飛び乗りバタンッとドアを閉めて急発進。でもブルは「ウォーウォー」と叫びながら走り去る車の後を追う。しかしすぐに車は、左手のほうにもあるアーチ状の橋を越えて見えなくなる。つづいてブルもその橋を越え、もう何も見えないのだが、走り去る車のエンジン音とブルの叫び声がどんどん遠くなってゆくのは分かった。

ぼくはその場で暫くはじっと待っていた。諦めてブルが戻ってくるに違いないと思ったからだ。しかしブルは戻ってこない。ぼくは嫌な予感に襲われた。あんなに激しく車に撥ねられ道路に叩きつけられて何のダメージも受けないなど考えられない。あのときはカッとなり夢中で追いかけて行ったが、途中で動けなくなっているのかもしれないと。

かなり遠くのほうまで唸り声が聞こえていたからすぐそのあたりではないと思い、ぼくも全速力で自転車を漕ぎ、このあたりと思う付近からは周囲に目を配りつつ「ブルー!」と呼びつづけながら20~30分ぐらいは探した。だが何処にもいない。あるいは途中の脇道か歩道の物陰などに倒れているのかもしれないと、今度は戻りながら脇道があると少し奥まで入り、また広い道に出ては歩道の物陰などを探し、最初のところまで戻ってきたがやはりブルはいない。

そこで、さっきブルが倒れていたあたりの道路を丹念に調べてみたが、血の痕跡はまったく見当たらない。少なくも外傷はないとある程度は安心し、しばらくそこでブルを待ったが何の気配もないので仕方なく家に向かった。

自転車で急いで帰っても家までは20分程度かかる。家に着き門のところに自転車を置いてブルの小屋に目をやると、小屋の中に何かいる。ブルだ。でもいつものブルなら、ぼくが帰れば必ず小屋から出てきて出迎えるはずだが、その日のブルは動こうとする気配がない。「まずい。家には戻ってきたが息絶えたのか?」と、駆け寄って「ブルどうした」と声をかけながら頭に手を置くと、そっと目を開けて恐る恐る頭を上げた。そしてまた頭を下げて目を閉じる。そうだ、これは何か悪さをして叱られたときの姿勢なのだ。

そこで「ブルどうした、大丈夫か。出ておいで」と言うと、何だ叱られるんじゃなかったのかといった感じですっくと立ち上がり、小屋から飛び出して尻尾を大きく振りながらぼくの顔を舐める。「何だ元気なんじゃないか」と言いながらあちこち調べてみたがまったくどこにもダメージは受けた形跡はなく、叱られないと分かったのが嬉しかったのかやたらとはしゃぎ回る。そんなブルをぼくは抱きしめて「フー」と大きな溜め息をついた。

ブルはきっとあの事故の現場に戻ったに違いない。でもそのときぼくはもう、あちこちの脇道などを探していた。しかしブルは、ぼくがいないので先に家に帰ってしまったと思ったのだろう。だが大急ぎで家に帰ってみると、どうもぼくが戻った気配がない。これは一層まずいことになった。きっと相当に叱られるぞと覚悟して小屋の中で神妙にしていたというわけだ。

それにしても撥ねた車の運転手を「この野郎」と追いかけるなど、あきれ果てた犬だが、でもきっと、もうそんなことは忘れてしまい、なぜか叱られなかったことだけを喜んでいるに違いない。だが、それはそれとして、あのルノーの運転手もさぞ驚いただろう。「凄い犬に出くわしたよ」などと、きっと皆に話しているに違いないとぼくは一人で苦笑した。

ブルの名演技

ブルにはそんな気性の荒い一面もあったが、同時に名優にもたとえられそうな演技派の一面もあった。ただしそれも、そんな気性の荒さを演じるものなのだが、これがなかなかの役者ぶりなのだ。

ポカポカと暖かくて土手の人通りも多い日など、隅田川の川っ淵に沿た鉄柵にブルをつなぎ、右手の5本の指を鍵型に曲げて、牙を剥いた犬の口のような形にして開き、「ブル、やるぞ！」とその手をブルのほうに向ける。するとブルはもう承知していてパッと1メートルほど後ろに飛び退き、同じように牙を剥き口の周りに深い皺をよせてビリビリと震わせながら、態勢を低くしつつ目は鋭く爛々と輝かせ、ぼくの手に狙いを定めてにじり寄ってくる。口からはまるで凶暴な犬の象徴でもあるかのようによだれさえ垂らしている。

通りかかった人達はこれを見て驚き立ち止まり、たちまちぼくとブルを遠巻きにした人垣ができる。中には「こわーい」と震える若い女性もいれば、「逃げなさいよ、危ないわよ」と言ってくれるお婆さんもいたりする。でもぼくは構わず「グワー！」と叫びながらブルの口の周りの皺のところを鍵型にした5本の指でギュッとつかみ、噛みついたかのように左右に揺する。

するとブルは「ヒーッ、ヒーッ」と哀れな泣き声を出しながらひれ伏して降参するのだが、ぼくが手を離した途端にパッと後ろに飛び退き、再び攻撃の構えをとって、今度はいきなりぼくの手に飛び掛かってきて噛みつく。見物人からは「キャー」と悲鳴があがり、先程のお婆さんなどは気絶せんばかりの様子で顔面蒼白。でも、犬のことをよく知っている人は面白そうにゲラゲラ笑っている。

そうなのである。ブルの表情はまさに獰猛そのものに違いないが、でも犬を知っている人が見ればブルはまったく毛を逆立ててはいないし、何よりもフサフサとした美しい尻尾を立てて実に嬉しそうに振り回している。犬が本当に怒ったときにこんなことはあり得ない。全身の毛を逆立てて身体を小刻みに震わせ、そして尻尾は下げ、ときには股の間に巻き込むようにして襲いかかろうとする。その状態の犬はひじょうに危険なのだ。

でブルはと言うと、たしかにぼくの手にガブリと噛みつくのだが、けっして牙を立てたりはせずそっとくわえるだけのあま噛みで、逆に舌を伸ばして口の中でぼくの手を護ってさえいる。だがときには、わずかに牙が手の甲に当たったりもする。ブルにはそれが感じられるようで、「しまった」とばかりサッと飛び退く。でもそんなときぼくがすかさず「痛い！」と叫んだりすると、ブルの顔が引き締まって「これはまずいぞ」といった感じで道路にひれ伏し、恐る恐る上目づかいにぼくのほうを見る。ぼくが拳を突き出して甲のところを指さし「ここだ」と言うと、這いながらにじり寄ってきて指さされたところを舌で擦るように、しっかりと何度も舐める。これが犬の治療法なのだ。

そうしながら時々「どう？」といった感じでぼくの目を見る。「まだ痛い」などと言うとまた必死になって舐める。だがそうしながら、なぜか血の匂いがまったくしないことに気付きはじめるようだ。ぼくの目を見る回数が多くなり、しかも舐め方がいい加減になってくる。そこで「よし、もう大丈夫」などと言おうものなら、それ！　遊び再開とばかりパッと飛び退き再び物凄い形相で迫るのだが、取り巻いていた人達はもう芝居と分かったので、中には「いいぞ！」と手を叩きながら去って行ったり、「お上手ね」などといってブルの頭を撫でてゆく女性もいる。もし、道の脇のほうに帽子でも上向きに置いておけば、いくらかの投げ銭などにありつけたのかもしれない。

あのときブルは泣いていた

現在では若者が何日も長期の旅行に出掛けるなど普通のことだが、１９５０年代末の当時は、例え10日間程度の国内旅行だとしても（海外など若者が行ける時代ではなかった）、大冒険の感じだった。しかしぼくは、どうしても一人で北海道へ行ってみたく（カニ族と呼ばれた北海道歩きの若者が話題になるのは、もっと後のこと）、この年から通いはじめたデザイン学校が夏休みに入ると、次の日から、当時としては結構いい報酬が貰えた、ＪＩＳ規格による工業図面描きのアルバイトに励んだ。そして休みが終わる10日ほど前に給料を受け取り、大急ぎで家に帰り、用意してあったリュックサックを背負って上野駅に向かう。

まともに北海道に行けば旅費だけでも容易ではなかったのだが、当時の北海道均一周遊券を学割で買うと、値段は忘れたがアルバイト料一ヵ月分の３分の１程度。これで、普通列車の３等車両のほか、国鉄線に限りだが、バス、船を含む北海道往復と、北海道内は２週間以内なら何処へでも何回でも乗り放題。ただし宿賃はほとんど確保できないので、宿泊は2～3回程度であとはすべて夜行列車。そこで乗り放題の周遊券が威力を発揮する。

何しろ北海道は広いし、それに当時の汽車はのろかったから、札幌を1日見物して最終の夜行列車に乗り、ぐっすり眠って目が覚めると旭川といった感じ。その日は旭川を見物してからまた夜行に乗り翌朝ふたたび札幌へ。そしてまた旭川へ戻って残り半分を見物し、つぎは夜行で稚内へというような調子だ。

こんなふうにして10日間がすぎ、青森から最後の夜行に乗って昼過ぎに上野駅に着いた。何しろ携帯電話などない時代だし、普通の電話で北海道から東京は、かなりの金額なので、そのあいだ家には連絡一つしなかった。だから、家の者はぼくが北海道に行っている以外は、どこに居るのかも分からない。要するに10日間ぼくは音信不通だったわけだ。

上野から都電に乗って向島3丁目の停留所で降り、ほんの2～3分で我が家。一軒先の角を曲がったところで我が家を見ると、すでにブルが足音を聴き分けて、門柱のところから顔を覗かせているのが常だ。これはぼくの足音ばかりでなく我が家の住人の足音はすべてほかの人のものとは区別がつくらしく、家の中にいても、ブルがジャラジャラと鎖を引きずりながら門のところに行く音が聞こえると、「ああ兄が帰ってきたな」などと分かったものだ。

ところがその日はブルが出てこない。どうしたのかと門のところから小屋を覗いて見ると、小屋の中にブルがじっとうずくまっている。ぼくが小屋の前にしゃがみ込んで「どうしたんだブル」と呼ぶとハッとしたように顔を上げ、そのままでじっとぼくの顔を見つめる。「どうしたんだよ」ともう一度言うとブルは突然ガバッと起き上がり、しゃがんでいたぼくの股ぐらにドンッと顔を突っ込んできた。ぼくは危うく後ろに押し倒されんばかりだったが、ぐっと踏ん張りながらブルの顔を股ぐらから引き出そうとした。しかしブルはまったく顔を出そうとはせず全身をガタガタと震わせ、小さな声で「ウォーウォー」とうめいている。「どうしたんだ、どうしたんだ」と何度も声をかけ、顔を見ようとしたが駄目。満身の力でぼくにしがみつき、頭を突っ込んで「ウォーウォー」と押し殺したような声でうめくばかりだ。

この騒ぎを聞きつけ母が出てきて「あー、やっと帰ってきたのね！」と大げさに叫ぶ。そして「ブル、どうしたの？」のぼくの問いを押さえるかのように、「見てご覧なさいよ」と周囲を指さす。言われてあたりを見ると、何だこれは。まずブルの小屋の入り口がガリガリに噛み砕かれ壊されている。それに玄関の引き戸もバリバリの状態だし、門柱も板塀も噛み砕かれている。それに小屋の脇にあった太さ5センチほどの八つ手の木は、根元から食いちぎられてまったく何もなくなっている。「これ、みんなブルがやったの？」と訊くと母は「そうなのよ」と泣き出さんばかり。

母の話によると、ぼくが出掛けて3日ぐらいはブルも何事もなかった。だが4日、5日と経つうちに次第に元気がなくなり、7日目あたりから食事をしなくなってしまった。あわてて煮干だの牛の生骨など好物を用意したが、まるで口を付けようともしない。何しろ当時は獣医さんなどめったにいない時代だったから手の施しようもない。何とかしようと砂糖水をあたためてスプーンで口に注いだが、ほんのわずかに飲んだ感じだけで、その後は動こうともせず顔を身体の中に埋め込むようにしてじっとしている。

「お前が帰ってこないからなのは分かっているから、何とか帰って欲しいと思ったけど、電報を打とうにもどこに居るのか分からないし……」と。それが、2日ほどそんなふうにしていたと思ったら、昨日の朝、突然バリバリという音がするので出てみるとブルが狂ったようにそこいら中を噛み砕いていた。「ブルッて呼んだってまったく止めようともしないし、お母さんのほうなんか見もしない。ほんの1時間足らずでこんなにしたと思ったら、小屋の中に入ってドンッと倒れて、そのまま寝てしまった。死んじゃったのかと思った。浅草に獣医さんが居るって話だから、お前が今日帰ってこなかったら来てもらおうと思っていた」とのことだ。

この間もブルはぼくの股ぐらに頭を突っ込んだままだが、でもうめき声はほとんど聞こえなくなったし身体の震えも落ち着いてきた。ぼくの股ぐらに突っ込んだブルの顔を手でそっと触れてみると、その手をペロペロと舐めはじめた。
「よーし、よーし」と身体を揺すってやると、やっといつものブルらしい反応を示しはじめ、それまで止まっていた尻尾がゆらゆらと揺れたかと思うとたちまち激しく左右に振りはじめた。そして股ぐらから顔を出すと、今度はぼくの顔を舐めはじめる。もうまったくいつものブルだ。ぼくは立ち上がってズボンの股のあたりに触れてみると、そこはベトベトに濡れていた。

この間に母は家の中に飛び込み、鍋に残りの味噌汁とご飯を入れ、大好きな煮干しを混ぜて運んで来る。ブル用の大きな洗面器にそれをあけると、ブルは「よし！」の合図はどうした、と言わんばかりに母の顔を凝視する。そして母の一声とともにまるで狂ったように餌を平らげ、いつもの合図の「もっとくれー！」をはじめる。空になった洗面器のふちを前足で揺すりコンクリートの上でガランガランと音をさせるのだ。「3日間も飲まず喰わずだものねー」と母はお代わりを作りに台所へ走った。

翌日からはもうブルは何もなかったかのようにいつもどおりだ。しかしぼくには、そっくりなくなってしまった八つ手の木は仕方ないとして、門柱やら板塀やら、それに玄関の引き戸とブルの小屋など修理箇所が山ほどできた。

玄関脇でそんなことをガタガタとやりながら、ぼくは改めて思った。あのときのブルは間違いなく泣いていたのに違いないと。ぼくが出掛けて3日目ぐらいまでは、一体どうしたのだろうと思っていたのだろうが、その後は次第に、ぼくはもう帰ってこないと思いはじめたのだろう。そしてついに自分でも抑えきれない衝動に駆られ、目の前の物すべてを破壊したくなった。そして後は静かに死を待つつもりだったのかもしれない。

そこに思いもかけずぼくが帰ってきて「ブル」と声をかけた。あのときブルは、間違いなく泣いていたのだ。そんなときには犬だって泣くのである。でも、泣いている顔は見られたくないと股ぐらに顔を突っ込み、全身を震わせておいおいと泣いた。そう思うとぼくは、あちこちの修理に精を出しながらも急に目頭が熱くなるのを止めようもなく、まるで昨日のブルのように涙を溢れさせた。でもブルはもうぼくがそばに居るだけですっかり安心し、のこぎりや金槌の音も気にせず小屋の中でグーグーと大いびきをかきながら眠っている。

もちろんブルにとって、ぼくが何日も帰ってこないなどはじめての体験だ。それまでは長くても3〜4日間程度だった。しかしだからと言ってそれ以後、ぼくは何日も家を空けないようにしたわけではない。翌年は同じように四国の周遊旅行にでかけた。ただし今度は2日に一度ぐらいは家に電話をしてブルの様子をたしかめたが、その度に母は「大丈夫よ、ご機嫌よ」と言う。ブルはやっと、待っていればぼくは必ず自分のもとに帰ってきてくれることを知ったのに違いない。

そのときブルは7歳でまだ元気盛り。長い毛が首のあたりでは、たてがみのようになっていて、夕日の土手に立ち風を受けている姿などは、キラキラと金色に輝く若獅子のようで、近所の子供達から「ライオンだ、ライオンだ」と騒がれたりしていた。しかしやがて歳ととともに艶やかな長毛も次第に色あせはじめ、12歳を迎えた頃から少しずつ元気がなくなる。そして食事の量も減り、ときには食べ残したりする日もあったが、ある日、2日ほど食事もせずに小屋で寝ていた。

その日ぼくが新宿の事務所で仕事をしていると母から電話があり、「ブルの様子を見ようと外に出てみたら、小屋の中で、もう静かに眠るように旅立っていた」とのことだった。昨今の犬は生活環境も餌もよく長命になったが、当時の中型犬にとって12歳はけっして早すぎる死ではなかった。ではあっても、犬の生涯はあまりにも短すぎるのが可哀相でならない。

1980年代に書かれたという、何処かの国の作者不明の散文詩に「虹の橋」というのがあるとのこと。「生前に飼い主から愛情をそそがれていたペットが死ぬと、その魂は天国の手前にある虹の橋のたもとの緑の広場で、ほかのペットなどと楽しく遊びながらご主人の魂を待つ。そしてやがてご主人の魂と一緒に虹の橋を渡り、天国に向かう」と言ったものらしい。とすればブルの魂は今でもそこで、きっとぼくを待っているに違いない。「でもブル、まだ暫くは待たせるつもりだから、それまで、ほかの皆と仲良くやっていてくれよ」

第四章　1968〜1971

未体験な機器への興味は断ちがたい

素敵な音だったダイナコ

　ぼくはたしか少し前のどこかで、「単に製品を買い替えて、その音の違いだけを面白がっているようでは駄目だ」とか、「単なる音楽再生と、趣味としてのオーディオとの違いに気付いた」などと書いていたと思う。だが、そう気付いたつもりになってから1年ほどの間に、ぼくは以前の、単なるオーディオごっこに戻ってしまったとも言えそうだ。ステレオサウンド社へ行けば聴きたい製品が目の前に山のようにあり、しかもそれらを自由に聴けるのだから、前にも申し上げたようにそのこと自体がまず面白くてたまらない。

　ことに「これは」と思うような機種に出会ったりすると、そこで聴くだけでは飽き足りなくなり、それを自分のシステムで試したくなる。その結果として当然、いいか悪いかは別としてもシステムの鳴り方は変り、その音の変化ばかりに興味を向けてしまう。それでは駄目だと気付いたはずなのに、再びそのパターンに戻っていたのか？

　いや、まったく以前のパターンに戻ってしまったのではない。オーディオマニアとしては一歩成長しながらも、そこでまた、行動としては以前と変らずのパターンに戻っていただけ、とぼくは思いたいのだ。

　実際オーディオマニアにとっては、造られた時代の新旧にかかわらず、未体験の魅力製品に対する興味は常に断ちがたいものだ。だから「一度はこれを使ってみたい」との願望は、いつになろうとも失われることのないものなのだ。ことにそれが技術的にも最新のものとなれば、なおさらのことではないか。従って、ぼくのシステムはその後の数年間に、音の入口から出口まで目まぐるしく変化していった。

　ダイナコの音はいま考えても素敵な音だった。暖かくてウェットで表情豊かで、しかもチャーミングなのだ。ことに弦楽器や声楽には柔軟な膨らみ感があり、官能的な粘りの感触さえともなっていた。しかも日本製品の価格に置き替えたとすれば、まったくの初級機に相当するランクの製品なのにである。

　今にして思えば無理もない話なのだが、当時の日本製品の開発姿勢は、一にも二にも特性第一主義だった。そのためには測定に頼る以外にない。しかも当時、測定できるのはごく一般的な静特性のみで、まだ動特性の重要性すらあまり知られていなかった。すなわち、フラットで高調波歪みが少なくて低雑音ならＯＫ、と言った感じだ。

　もちろんまったく耳で聴かなかったわけではないが、それも、極論すれば音が出るか出ないかを確認する程度と言える。仮に音楽を鳴らしたとしても、その音楽がどんな雰囲気で再生されたかなど問題外。いや、問題にすることができなかった。なぜなら彼らはほとんど音楽が好きではなかったからだ。勿論ここで言う音楽とは、いわゆる「西洋音楽」のことだ。

その音楽が好きなのはまず女性。男性の場合は音楽家志望か、あるいは文科系出身者のごく一部の人達。だが当時のオーディオメーカーの技術者には、女性は一人もいなかったし文科系出身者も居らず、すべて理工系出身の男ばかり。結局、測れる範囲のことを測ってみる以外に製品の優劣を決める手段がなかったのだ。「序」の稿でも述べたように、何しろ中学生時代に、音楽嫌いを生み出すための様な音楽教育を受けてきた人達が、ほとんどだったのだから。

少々過激な言い方にはなったが、でもこれは、基本的には間違っていない。

いっぽうイギリスやアメリカでも、測定に関しては日本とそう大差なかったのではと思うが、ヒアリングに関してはまったく事情が違う。子供の頃から自分達の血のような親しい関係にある音楽を聴くのだから、音楽に対する再生のよし悪しは身体が感じる。したがって良否の決定権は測定にではなくヒアリングにあったはずだ。

ダイナコの場合もこれが音の差に表われていたのに違いない。だからときに日本製より高価な海外製品が、周波数特性などでは日本製に劣る例などあると、「これでも日本製より音がいいと言うのは、単なる海外製品かぶれだ」と非難されたりもした。

話が少しそれたが、とにかくダイナコのアンプは魅力的だった。とは言っても、ビクターのペアで感激した音の傾向とはかなり異なる持ち味なのに、今度は「こちらが本物」と感動しているのだから、オーディオに対するぼくの判断力も姿勢もまだまだ相当に未熟だったと言わざるを得ない。

だがその未熟さの中にわずかな成長のきざしもなかったわけではない。例えば、あれほど気に入っていたMC型フォノカートリッジの「FR1」が、綺麗な音ではあるが、でもぼくの音の狙いとは少し別の方向にあるのではとも思いはじめた。しかもそれまで、個人的にはあまり好みの音のタイプではないと考えていた、オルトフォンの「SPU-GE」が、表面的な音色の問題ではなく、その奥に感じる味わいの面で気になりはじめる。

これは一面では、スタート時の6半一発とSQ5Bによる、あの音への復帰願望のように思えなくもない。もちろんあのときの音は聴き心地はよかったが、でもその音が、音楽として身体の中で十分に発酵するためには、酵母菌の役割をはたす豊かな情報が欠かせない。しかしあの音には重要なその情報量が足りなかった。だが今度は単なる耳あたりの問題ではなく、その酵母菌さがしでもあるのだから、単に過去への復帰願望ではないのだ。

これはその後もかなりつづくことになるのだが、ぼくの音の好みはけっして、いわゆるHiFi指向ではなかったように思う。例えばシステムの周波数特性でも、ことに高域は可聴帯域いっぱいまで伸びきっているより、多少ダラ下がりのほうが耳に馴染む。ただし、ずっと後になって気が付くのだが、これはその時代のレコードのカッティング技術／カートリッジの特性／フォノ回路のキャラクター／スピーカーの個性、等々との関係により左右されるものなのだ。だから時代とともにそれらの状況が変化するに従い、再生に対するぼくの姿勢も少しずつ変化していった。

例えば当時は、高域が伸びきっていることが、各機器の特性やキャラクターなどとの間に摩擦を生じ、ときには刺激的だったり耳障りだったりの傾向なども示しかねなかった。勿論そうしたマイナス面ばかりではなく、そこには逆に、それでなくては表現できないリアリティの再現などもあるのだが、ぼくは、それらを多少は犠牲にしたとしても、マイナス面が目立たないことを重視していた。

ＦＲ（フィデリティ・リサーチ）のカートリッジとオルトフォンとの関係も、ビクターのアンプとダイナコとの関係も、今になって考えれば単に製品としての音のよし悪しではなく、その時点での組合せの中においてどのような傾向を示し、その傾向がぼく好みか否かの問題だったのだと思う。それはともかくとして、ダイナコもそしてオルトフォンも、その意味でぼくの期待に沿った音を聴かせてくれたのだった。

ただしプレーヤーにＳＰＵ－ＧＥを取り付けてみると、全体に細身のトーンアームＦＲ

24にはあまりにも不釣り合いだった。これではカートリッジの持ち味も十分に出せないイメージなので、アームは再びAT1501に戻した。

アルテック「416A」購入

ダイナコのアンプとオルトフォンSPU-GEによるサウンドは、なかなか魅力あるものだった。そうなると手持ちのレコードだけではなく、気になっていた新しいレコードも聴いてみたくなる。

とは言っても先にも申し上げたように、とくにお気に入りの音楽はバロックからルネッサンス、そして中世あたりにかけての宗教曲や世俗曲だったので、日本盤はあまり発売されていない。その頃の日本盤は1枚千8百円だったが、輸入盤はいろいろあって1枚3千円から4千円程度もしたので容易には買えない。だが、それでも無理をして輸入盤に頼らざるを得なかった。秋葉原では輸入盤専門の「東陽堂」。ほかにPRE BACH SOCIETYを掲げる輸入盤専門の「ユニバーサル」という店が小川町にあり、そうしたお店で、ほとんど名も知らない曲ばかり買っていた。

そうこうしているうちに気になりだしたのが、今度はスピーカーだ。と言うのも、最初フルレンジで使っていた16㎝口径のＰＥ１６が、ぼくの手造りの箱に入ったままで中域を受け持っている。そこで頭に浮かんだのが、これもステレオサウンド社の試聴室にあったのを聴いたのだが、アルテックの「７５５Ｃ」である。

これはウェスタン・エレクトリック時代の７５５を受け継いだ20㎝口径のフルレンジ型だ。もともと壁面埋め込み用として設計されたので極めて薄型なことから、「パンケーキ」の愛称で親しまれていたが、この音がなかなかぼく好みのサウンドなのだ。すでに８Ω仕様のＥ型も出ていたがぼくはあえて16Ω仕様を選び、エンクロージュアは例の木工店で、エアー抜きとして４㎝径ぐらいの穴を5個ずつ2段に並べた、マルチポート型のものを造ってもらった。

そして当然、最初はこの７５５Ｃを中域に使いはじめた。いつもそうだが何かを入れ替えた当初は常にこれで問題解決と思うのだが、でも暫くたつと、どうも何となくしっくりこないと気になりはじめる。今回の場合は、次第にウーファーとスコーカーの質感が合わないと感じはじめた。どちらも暖かい音の傾向ということではぼく好みの音に違いないのだが、でも、膨らみや拡がりといった音の感触はかなり違う。

思い切ってウーファーもトゥイーターも鳴らさず、７５５Ｃをフルレンジで使ってみると、むしろそのほうが安心して音楽が楽しめたりする。でもこれではナローレンジ過ぎるしスケールも小さくてメインシステムにはならない。それでも暫くの間このフルレンジで鳴らし、「ぼくのオーディオはHiFi指向ではなく、LoFi指向なんだ」、などと言ったりしていたこともある。

それに、これもほんの暫くの間だったが、その頃流行りはじめたマルチ(チャンネル)アンプ方式にも手を出してみた。ただしこのときは友人の一人から使わなくなったチャンネルデバイダーを拝借し、まだ手元にあったビクターのパワーアンプMCM200を使った、2ウェイマルチ+トゥイーターという変形システムだった。でもこれは試しにやってみたという程度のことで、あまり熱を入れたわけでもなく、「どうもあまり巧くいかないなー」と、一ヵ月ほどで元に戻してしまった。

その時点では、のちに自分がマルチアンプ方式にのめり込むことになるなどとは、思ってもいなかったわけだ。

となると結局、755Cそのものは魅力的だったとしても、我が家のシステムの中でそれを巧く活かすことができない。何とかこれに替わるべきものはなどと考えているとき、友人を介してこんな話が飛び込んできた。

そのご本人とは面識がないのだが、ぼくよりずっと年長の方のようだ。その方がタンノイのモニターレッド（磁気回路のカバーの赤い塗装から後にこう呼ばれるようになったが、当時はモニター15と呼ばれた38㎝口径の2ウェイ同軸型ユニット）を1年ほど前に買って、業者に造らせたエンクロージュアで使っているのだが、モニターレッドがモニターゴールドにマイナーチェンジした。そこでゴールドに買い替え、エンクロージュアも少し大きく造り直すことにしたのだが、音を聴いてもし気に入って貰えたら、現在のものを箱ごと2台で8万円（モニターレッドの定価は2台で15万2千円だった）でどうか、というものだ。

その頃ぼくはタンノイの音はあまり知らなかった。聴いたことがあるのは25㎝口径の「ⅢLZ」を密閉箱に納めたブックシェルフ型程度だが、それはあまり興味をそそる音ではなかった。しかし、あのオートグラフにも搭載しているモニターレッドとなると話は別だ。それにモニターレッドは同軸2ウェイのフルレンジ型だから、中域の問題だけでなくウーファーも38㎝口径にアップすることになる。こんな美味しい話を逃す手はないと、さっそくその話に応じた。

やがて我が家に届いたのは、チークのツキ板で化粧した分厚いラワン材による、幅60㎝／高さ80㎝程度で、下のほうにエアー抜きのスリットを開けたエンクロージュア。もちろんそのバッフルにはモニターレッドがマウントされている。今度はもう少し大きい箱に造り直すと言っておられたが、たしかに38㎝口径用としてはちょっと小さい。でもそれが幸いして、このサイズならぼくの部屋にも納まった。

そして早速、期待に胸を弾ませながら鳴らしはじめたのだが、どうもおかしい。低音が極めて不足の感じで中高域ばかりが「カーカー」と鳴っている。アッテネーターでレベルをいろいろ操作してみてもあまり効果がない。やはりこの箱では小さいのではと、リアバッフルを外し後面開放にしてみたが、これもとくに効果はない。

名機と呼ばれるものだけにモニターレッドは信じていたので、これはきっとパワーアンプの力不足と思った。でもビクターのMCM２００も手放した後だったので、他にパワーアンプは持っていない。欲しいのはマッキントッシュのMC２１０５だが、それは無理な話だ。仕方なく先方にお詫びすると、「それならユニットだけ返してくれればいい。もしよかったら箱は使ってください」との返事。これは有り難いと喜んでユニットだけお返しした。

だが気が付いてみるとこの箱の大きなバッフル開口部を、38cm口径のウーファーで塞がなくては、ぼくのシステムから音は出ないのだ。それまで使っていた20cm口径のウーファーは箱ごと保管してあるが、それを戻すと、頂戴したこのエンクロージュアの置き場所がない。小さいとは言ってもやはり20cm用よりは大きいので、同じ場所にこれを収納することはできないからだ。

今でもはっきり覚えているが、それは１９６９年12月30日のことだ。買い集めたレコードは年末からお正月にかけて楽しむつもりだったが、でも、ウーファーがなくては話にならない。

その数ヵ月前からステレオサウンド社の試聴室で、モニター用スピーカーにアルテックのA7-500を使いはじめた。豊かでしかも抜けのいいそのサウンドをぼくは気に入っていたのだが、値段もさることながらA7のあの大きなエンクロージュアを目の前にすると、はじめからぼくの部屋には無関係な存在と思わざるを得なかった。

しかし、そこで使われているウーファーの「416A」だけなら、タンノイと同じ38㎝口径だから例の箱にそのまま納まるはず。しかもA7は2台で（当時はまだ、スピーカーも1台単位の価格表示が一般的だった）80万円以上もしたが、ウーファーは意外に割安で2台9万円程度だった。

とは言っても常にぼくの手元にあるような金額ではない。現在のようなカード時代と違い現金がなくてはどうにもならない。だが幸いにして、ぼくはパーソナルチェック（サインだけで発行できる個人小切手）を使っていた。と言ってもその口座の残高は必要額の半分程しかない。レコード屋さんにせっせと通い過ぎたからだ。

しかしそのとき、ぼくにしては少しばかりずる賢い考えが頭に浮かんだのだ。

12月30日なら、小切手を振り出しても交換所にまわるのは来年の1月4日以後だ。その間に兄から借りて1月4日に口座に振り込めばいい。

会社で年末の仕事納めをしていた兄に電話すると「ＯＫ」の返事。ぼくは直ちにごった返している師走の街に車をとばして、渋谷のヤマハ店へ向かった。以前からそのウィンドウに、アルテックグリーンと呼ばれる美しい緑色のメタリック塗装が施された、４１６Ａ（すでにインピーダンス８Ωの４１６-８Ａも発表されていたが、これはインピーダンス16Ω）が飾ってあるのを知っていたからだ。

年末だから10％ぐらいの値引きを期待したが、５％以上は無理と言われ、仕方なくその金額の空小切手を振り出して４１６Ａを持ち帰った。急いで我が家に着くと、エンクロージュアに入れもせず、２台のユニットを床に転がしたままでアンプにつなぎ、フルレンジを入れて恐る恐るボリュウムを上げた。

そしてぼくは、「アッ」という声を立てることさえもできず、ただ床に座り込んでその音に聴き入った。

何と、朗々と鳴るのである。エンクロージュアにも入れず床に転がしたままのウーファーがである。もちろん高域までしっかり鳴るわけではない。でも音楽としての佇まいがそこに漂っているし、それに低音は、これも堂々とは言わないが、軽やかな音色の中に低い唸りのイメージがある。かつ、聞こえてくる音楽全体に弾力性が感じられる。

もちろん、改めてエンクロージュアに入れるとさらにご機嫌。ダイナコのアンプに力不足などまったく感じられない。それだけに今度はタンノイに対する不信感が高まった。「タンノイなんてクソなんだ。それなのにあの評判は、単なるイギリスかぶれではないのか」と。でも、後にやっと気が付いたのだが、これはタンノイにとって実に不幸な誤解だったのである。

と言うのもその当時、ぼくは勿論として諸先輩方の多くも、スピーカーシステムにとってのエンクロージュアの重要性をあまり認識していなかった。大切なのはユニットで、エンクロージュアはそのユニットを覆い、家具調に仕上げたりして部屋に違和感なく納めるためのもの、程度にしか考えていなかった。いや、そう考えたかったのだ。

なぜなら特に海外製品の場合など、ユニットのみなら数万円程度の製品も、エンクロージュア付きだと百万円にもなってしまう例が少なくない（当時オートグラフはペアで90万円前後／男子大卒の初任給は約4万円程度）。部屋を飾るのが目的ではないのだから、豪華な家具調エンクロージュアの必要などない。だが、高性能であることに間違いないそのユニットは欲しい。音を出すのはあくまでもユニットなのだからと言うわけだ。もちろん、同じくぼくもそう思っていた。

しかし、ことにタンノイなど英国系スピーカーの場合、スピーカーの本体はユニットではなくむしろエンクロージュアであり、ユニットはそのエンクロージュアを鳴らすための、専用エンジンのようなものと考えるべきなのだ。したがって、いかに高性能なエンジンであっても、それを荷車のようなものに搭載したのでは、快適な走りなど得られないのと同じことだ。

だが幸いにしてアルテックの416Aは、タンノイのモニターレッドほどエンクロージュアに強く依存するタイプではなかった。何しろ床に転がしたままでも鳴るのだから。

その年の正月はご機嫌だった。この部屋でこんなに豊かな低音が出せるとは思ってもいなかった。年末に買ってきた『ニューヨーク・プロ・ムジカ』や『シンタグマ・ムジクム』などが奏でる、中世やルネッサンス期の音楽での名も知らぬ楽器が、一段とリアリティを高めて鳴る。それにバグパイプやオルガンなどでと思われる通奏低音は、弾力性のある音の厚みと、けっして重すぎはしないのだが、深く沈み込むような音の唸りが魅惑的だ。

もちろん中域は755Cだが、これも低音との質感や音のつながりもよく、ぼく好みの膨らみをともなって暖かく軽やかに鳴ってくれる。これでほとんど、ぼくのスピーカーはアルテックらしい音になったのだが、そうなるともう一つ気になるのがトゥイーターだ。アルテックにもマルチセルラホーンを付けた「3000H」という小さなトゥイーターがあるのだが、なぜかあれはアルテックらしからぬ音なのだ。妙にエネルギーが乏しく躍動感のある音にならない。これもステレオサウンド社にあったのを鳴らしてみて得た知識だ。

そのとき聴いたトゥイーターの中で、手頃な価格で（ペア2万円弱）使えそうに思えたのが、ナショナル（まだテクニクスではない）の「ＥＡＳ５ＨＨ４５」というコンパクトなホーン型トゥイーターだった。そこで早速これを入手し、例によってはじめの1ヵ月ぐらいは「大成功」と有頂天。だが2ヵ月もしないうちに、どうやってもトゥイーターの音がミッドレンジと遊離しているように思えてきた。前記した３０００Ｈのイメージとは逆に、トゥイーターの帯域だけが直進してくる気分なのだ。

これはきっとホーンの仕業と思い、製品のホーン部分を見ると、中心にイコライザーがない設計なのでホーンだけを簡単に取り外すことができる。するとドーム型の振動板だけが裸で現われる。そのまま鳴らしてみると、ちゃんと鳴るばかりではなく、これが大成功で、高音の遊離感はなく中域とうまくつながってくれる。もちろん音質も悪くない。だが、振動板がむき出しのままではまずいと、ネットを手造りして完成。

だがよく考えてみるとこのドーム振動板だけの状態は、それまで使っていたＰＴ９とほとんど同じではないかと、しばらく使っていて気が付いた。でも音はＰＴ９よりずっと生命感に富み、しかも気になる高域の直進性は皆無なことから、この改造トゥイーターはかなり長期にわたって使った。

ちなみにそれ以来、ぼくは現在まで、ホーン型トゥイーターを自分で使ったことは一度もないのだ。

マッキントッシュが欲しい

それにしても、どうしても頭から離れないのは、あの美しいイルミネーションに飾られた大きなガラスパネルを持つ、マッキントッシュのステレオパワーアンプ「ＭＣ２１０５」のことだった。とは言っても当時の45万円はそう簡単に出せる金額ではない。

そこで一計を案じた。当時はまだドル対円は固定相場から変動相場になる寸前の頃で、１ドルが３６０円もしたことから、アメリカで買えば半額程度なのだ。だがアメリカまで買いに行ったのでは何の意味もないし、それにアメリカに行くこと自体、ぼくらには容易に考えられないことだった。飛行機だって現在のようにノンストップではなく、ハワイで給油しなくては太平洋を渡れない。そのためアメリカとの往復にはハワイで一泊する人が多かった。

誰か都合のいい人はいないかと思っていたとき、会社を経営している年配のオーディオマニアの方が仕事で渡米するという。恐る恐るその話を持ち出すと、いとも簡単に「ああ、いいですよ。ハワイのいい店を知っていますから、買って船積みしてもらえばいいんでしょう。横浜に着いたら受け取りに行ってあげますよ」との返事。ご自身もマッキントッシュのＭＣ２７５を使っておられ、そのときも同じ手を使ったとのことだった。

「やった！　マッキントッシュが手に入る」。いつものことだが、もうぼくの頭の中はアルテックの４１６Ａや７５５Ｃによる３ウェイシステムが、ＭＣ２１０５にドライブされ、さざ波のような軽やかな音の拡がりや、地をはうように伝わる低音の音圧、そして歌い手達の生命感溢れる音像など、これまで、いかに望んでも実現できなかった見事な再生で満ちはじめていた。

長かった一ヵ月ほどが過ぎたある日、「横浜の税関に届いているそうだから、明日、一緒に受け取りにいきませんか」との電話。

ぼくはこの間に、一番下にＭＣ２１０５が入り一番上にはプレーヤーが置ける、鉄の角パイプ製ラックを近所の鉄工所で造ってもらい（まだ現在のような、既製の各種ラックなどは存在しなかった）、アンプの到着を待ちわびていた。

横浜で受け取ってきたＭＣ２１０５を早速その定位置におさめて電源を入れると、夢にまで見ていたイルミネーションが美しく輝き、それを見ているだけで頭に描いていたサウンドが、もう聞こえてくるようにすら思われた。レコードに針を降ろし祈るような気持ちでボリュウムを上げると、頭の中で鳴っていた音などとは比較にならない、よりたしかな存在感のある音像が次々に現われてくる。

当然かもしれないがダイナコとは格が違う。ただし今にして思えば、箱から出したばかりの重量30kgもある大型アンプを、スイッチを入れてすぐに音を出して聴いているのだから実に乱暴な話だ。だが、それでも感激したのは、ダイナコとの格差が大きかったからなのか、それともぼくの思い込みが大きかったからなのか、いまさら判断もつかないが、ともかく感激した。

そして、それまでに何度も思ったことなのだが、「今度こそ本物のオーディオを手にした」とも思った。

だが、たしかにＭＣ２１０５がもたらした成果は大きかったが、でもそれは、ぼく自身が本当のオーディオのあり方を手にしたのではなく、より高性能な製品の威力を知っただけでもあった。製品を買い替えて、その違いばかりを喜んでいたのでは駄目だと自分に言い聞かせていながら、またそこに戻っている。ただし今回は、その違いが格段に大きかったわけだ。しかもこの結果、ぼくの「もの」への執着心はますます嵩じてゆくことになった。

マッキントッシュのＭＣ２１０５を入手したのは１９７０年だった。そしてこの70年という年は、日本のオーディオにとっても、また、ぼく自身のオーディオにとっても大変な年だったのである。

まず自分のことから言えば、その夏に感染したマッキントッシュ熱が治療の効果もなく、益々高熱になり、年末には同じくマッキントッシュの最新ソリッドステートプリアンプ、「C26」も買い込むまでになってしまった。ソリッドステートの1号機だったC24のときは、音もデザインも未だの感だったのだが、さすがにマッキントッシュだ。あのイメージはもうすっかり拭い去りサウンドもコスメティックも、見事にパワーアンプMC2105とのペア機にふさわしいものになっているではないか。

したがって結局、あんなに気に入っていたダイナコのペアもパワーアンプは2年ほど、プリアンプは2年と少々ほど我が家にあっただけで、今度のC26は日本で買ったため、その下取り品として最後のつとめを果たしてくれた。

マッキントッシュのイルミネーション付きガラスパネルは現在でもつづくロングラン・デザインだが、もちろんずっと同じではなくモデルによって、あるいは時代によって、スイッチやメーターの位置や全体のバランスなどに変化がある。その数多いバリエーションの中でも、未だにぼくはC26とMC2105の2機種がもっとも品位あるデザインと思っている。ことにこの2機種をペアとして揃えた状態は、視覚的にも、そして音質的にも、もっともバランスのよい組合せの一つと信じている。

その夢のような組合せがぼくの狭い部屋に鎮座していたのだから、当然、部屋の中でもっとも目に付くのはこの2台。部屋の照明も控えめにしてイルミネーションをより目立たせたりしたのも無理からぬことだ。

それに、このペアが鳴らすアルテックのサウンドも、その時点でのぼくにとっては、もうまったく非の打ちどころのないものと感じた。だがこれもまた、単なるオーディオごっこに過ぎないと後に気が付く。アンプをダイナコのペアからマッキントッシュのペアに替えたのだから、音が変り、同時にクォリティも向上するのは当たり前のことだ。極論すれば、ただアンプを買い替えただけのことで、その結果の音の違いを喜んでいるにすぎない。だからこれではまだ単なるオーディオごっこの枠を出てはいなかったのだ。

いっぽう、日本のオーディオ業界はと言うと、この年（１９７０年）、テクニクス（１９６５年からオーディオ機器のブランド名となる）とソニーから、世界初の「ＤＤ（ダイレクトドライブ）」方式によるフォノモーターが発表された。テクニクスはＳＰ１０。ソニーはＴＴＳ４０００で、共に定価6万5千円と同一であるばかりでなく発表も同時だった。

これを機に日本の各大手オーディオメーカーは一斉にＤＤモーターの開発に乗り出す。当然、価格競争は激化して値段はたちまち下落。そしてほんの数年にして、世界中のアイドラードドライブ型やベルトドライブ型プレーヤーを、ほとんど駆逐してしまうことになった。

さらにこの年、サンスイが「ＱＳ」方式と呼ぶマトリックス式の４chレコード再生システムを発表。これを追ってビクターも、方式が異なる「ＣＤ４」と称する４chレコード再生方式を発表。これも翌年には日本の大手オーディオメーカーのほとんどが、ＱＳ派とＣＤ４派に分かれて参入し、各所で４ch再生合戦を繰り広げることになる。それまで、１セットで２台しか売れなかったスピーカーが４台売れるようになって、お店やメーカーは大繁盛といった話まで飛び交った。

いっぽうぼくは、前記したマッキントッシュのペアに溺れ込んでいたこともあってか、そうした市場の人気に、個人的にはほとんど興味を示さなかった。ことに４ch再生はついに我が家に入り込むことがなかった。それにＤＤモーターだが、ぼくはその時点でフォノモーターはパイオニアのベルトドライブ型ＭＵ４１を使っていたのだが、なぜか話題のＤＤモーターには興味が湧かなかった。この年はお金を使いすぎてスッカラカンだったこともあるだろうが、その頃、ＭＵ４１の代りに欲しいと思ったのは、ＤＤとは逆に、アイドラードライブ型のガラード「３０１」だったのである。

結局ぼくはメカニズムを感じさせるプレーヤーが欲しかったのだと思う。そのてんＤＤモーターはメカニズムを感じさせてくれない。だから結果としてぼくはＤＤモーターも、現在に至るまで一度も自分のシステムとして使ったことはない。

しかしガラードは名機３０１がすでに生産を終了し、新しい４０１の時代になっていた。この2モデルのメカはほとんど変らない。ただしデザインは一変して、３０１が感じさせていた、あのユーザーに媚びる印象など微塵もなくデザイナーの手もほとんど感じさせず、腕のいい職人が、ただ使い心地のよさだけを追って造り上げた無欲の美とも言えるような魅力が、４０１にはまったくない。

４０１の黒っぽい塗装も美しくないし、それに何よりもセンスの悪いデザイナーの手が見え見えなのだ。意味のない凹凸やラインがあったり妙に角張っていたりと。だからぼくはこれを買う気などまったくなかったが、でも、「現代的デザイン」の新型機に憧れる人もいたのだろう。店頭に３０１の中古品が見られるようになった。

３０１にも、ぼくは一つだけ気に入らないところがあった。これも好みは色々で「あれがいいんだ」と言う人も少なくないのだが、それはプラッターの側面に削り出されている、回転数調整用の銀色のストロボパターンだ。いいアイデアと言えなくもないが、でも視覚的に強すぎる。ただし、あのパターンがないシンプルなモデルもあるとの話を聞いていた。

何と、それがあったのだ。何処で誰が使っていたのかはまったく分からないが、でも大切に扱われていたらしく無傷で回転性能もよさそう。以前、オームさん（瀬川冬樹）が使っていたのはストロボパターン付きだったが、あれよりずっといい。しかしこれを上手く使いこなすには、モーターのゴロを吸収する重量のあるプレーヤーボードが必要だし、トーンアームに関しても少し考えていることがあったので、暫く使わずに、そのましまっておいた。ぼくにしては珍しいことだ。

トーンアームを設計

ぼくのトーンアームは、途中でＦＲ２４を暫く使ったことはあるが、その後、最初から使っていたオーディオテクニカのＡＴ１５０１に戻し、ずっとそのまま使いつづけていた。いや、あるとき秋葉原の店頭にあった中古のエンパイア「９８０」を買い、これも暫く使ったことがある。金色の武骨なスタイルも面白いし、ダイナミックバランスのメカにも興味があった。使ってみると音も独特の深みがあって悪くない。ただし仕上げなどには少々粗さの印象もあり、使い心地ももう一つで、結局これも使わなくなってしまった。

だが、こんな体験をしているうちに、メカとしてのトーンアームに興味を抱くようになった。買いたいのではなく自分で造ってみたくなったのだ。ぼくにはアンプは設計できないがトーンアームなら設計できると思った。それに頭の中には、そのためのアイデアもいくつかでき上がっていた。妙にマニアックなものではなくシンプルで部品点数が少なく使い易いもの。これが優れたアームの基本との考え方で、ＡＴ１５０１がその例だが、でもあれでは面白みに欠け過ぎる。

頭の中にあった構想から、タイプの異なるA型とB型の2本のアームを設計した。だが設計は自分でできても金属加工は本職に頼らざるを得ない。そこでFRの池田さんにお願いしてみた。

2本のアームの図面を見終えた池田さんは「いいですね。とくにこのA型がいい」と言う。恐る恐る「各、1本だけ造ってもらうこと、できますかね」と訊ねると、「1本ではなく、A型のほうを沢山造りましょうよ」と言う。妙な顔をしているぼくに池田さんは次のような話をしてくれた。

それによれば、秋葉原の某大手販売店から、自分の店のハウスブランド用アームを造ってくれないかと言われている。第1の条件は、使い易く高性能で音がいいこと。第2の条件は、部品点数が少なくて造り易く安上がりなこと。第3の条件は壊れにくいこと。「A型ならこの条件にぴったりだから、この設計を売ってください」と池田さんは言う。もちろん、ぼくとしても文句なしだ。ただし一つだけ「B型も1本だけ造ってくれるのなら」と条件を付けて、思わぬ話がまとまった。

アルミプレスのヘッドシェル以外はほとんど旋盤加工だから、試作機は1週間ほどでできる。メッキ屋に注文を付けた全体の表面処理も成功で、頭で描いていたよりずっといい出来栄えだった。

それから2ヵ月ほど後のことだ。新しい「ステレオサウンド」誌のページをめくっていると、FRの広告ページにそのアームの写真が「新製品FR54」として載っている。「販売店用のハウスブランド品ではなかったのか」と池田さんに電話すると、「そのつもりだったのだけど、出来がいいので何だか勿体なくなってFRの製品にさせて貰った。話さなかったですかね」と言う。ぼくもそのほうがいいが、でも、それならデザイン料をもう少し貰っても、とも思った。もっとも、B型のほうは無料で1本だけ造ってもらった。

余談だが、このFR54が大ヒットした。ことにデンオン（デノン）のDDモーター「DP3000」との、店頭組合せプレーヤー用アームとして人気の定番機種になった。

ぼくがガラード301をしまっておいたのは、このアームの構想があったからだ。だから最初は、ぼくの301だけの専用アームのつもりだったが、現実には皆が使っているアームになってしまった。そんなことから、あまり使わぬままになっていた前記のエンパイア980を持ち出し、FR54との2本使いをしていた頃もあった。もちろん1本だけ造ってもらったB型のアームもあったのだが、これは３０１に似合うイメージではなかったので、後日、これも中古品を手に入れることになるトーレンスのターンテーブル「ＴＤ１２４」で使うことになる。

第五章　1971〜1975

デザイナーの途を断念

譲り受けた「511B」ホーン

1969年に、ふとしたことから購入する結果になったアルテック「416A」ウーファー。さらに翌70年には、手段を尽くして購入したマッキントッシュ「MC2105」パワーアンプ。共に、まだとても手にすることはできないと思っていたこれらの製品を使いはじめたことにより、ぼくのオーディオに対する経済観念は、少々コントロールが効かない状況に向かいつつあるようでもあった。

それも単に一人のオーディオマニアであるのみでなく、サイドワークのつもりとは言いながらも、現実にはオーディオ誌筆者の片割れになりつつあったことも無関係ではなかった……か。いや、そうは思いたくない。そうではなく、ともかくオーディオがますます面白くてたまらなくなっていった結果なのだ。それにより、1970年代あたりからの世界的なオーディオ市場活況の渦に、自ら望んで巻き込まれていったということだ。

マッキントッシュは結局パワーアンプだけでは止まらず、プリアンプ「C26」にも手を伸ばし、最高のセパレートアンプ・ペアとご機嫌だった。しかも先に、「大きなアンテナまで立てて、FM放送を聴く気などない」と言った覚えがあるにも関わらず、1972年には、ついにマッキントッシュのＦＭチューナー「ＭＲ７７」にも手を出した。

ただしこの件にはちょっと言いわけをさせていただきたい。と言うのも１９７１年の「ステレオサウンド」誌18号で大規模な「ＦＭチューナー特集」が組まれた。内容はＦＭチューナーの試聴テストばかりでなく、アンテナの選び方から、選んだアンテナを実際に屋根の上に立てるまでのすべてを具体的に掲載する、「ＦＭアンテナの上手な選び方と立て方」というページがあり、その担当筆者にぼくが選ばれた。理由は、我が家が程々の郊外にある平屋建てで、しかもまだＦＭアンテナが立っていないというだけ。ぼくが特にＦＭ放送が好きだったからというわけではない。

その結果、我が家の屋根に5素子の大きなアンテナが立ったが、でも暫くは使わずそのままにしておいた。しかし1年ほど経った頃、せっかくアンテナを立てたのだからチューナーを買おうと思うようになり、そうなるとチューナーはもうマッキントッシュ以外に考えられなかったのだ。

丁度その頃、アメリカでマークレビンソンのプリアンプ「ＬＮＰ２」のオリジナル型が発表され、我が国にもその後しばらくして登場。音を聴いてその素晴らしさに驚嘆したのだが、その当時の価格90万円には、ぼくもさすがに、しり込みする以外に手がなかった。

その代わりと言うのも妙だが、翌年、ぼくは思わぬプレゼントを手にすることになる。

「ステレオサウンド」誌の筆者としても活躍しておられた山中敬三さんはぼくより5歳ほど年上だが、ぼくがデザイン事務所にいた頃オームさん（瀬川冬樹）の紹介で知り合いになった。その後もオーディオばかりでなく、山中さんはぼくが誘ったスキューバダイビングの仲間にも加わり、極めて親しくしていた。

山中さんは海外製品がお好きで、スピーカーはアルテックのシアター用として知られる「A7-500」のオリジナル・エンクロージュア入り（ウーファーは高磁力型の515Bにしていた）。しかもこのオリジナル・エンクロージュア入りを、劇場用としてではなく個人用として購入した、日本で最初の人ではないかとさえ言われていた。

ある日、電話に出ると山中さんが「おい、アルテックのホーンとドライバーを欲しいって言っていたよな。あげるから取りに来いよ」と。山中さんは以前から自分のA7-500をA5にグレードアップしたいので、ホーンとドライバーを入れ替えたいと言っていた。「そしたら現在使っているのをあげる」とも。

勿論さっそく駆けつけ、すべてアルテック・グリーンに塗装された「804A」ドライバー（一般に知られる806Aの前身）付きの「511B」ホーンと、「N500G」ネットワークを頂戴する。

山中さんはそのとき、グレードアップした自分のA5をぼくに聴かせたかったようだが、悪いけどぼくにはそれを聴いている時間の余裕などない。でも、まったく聴かずに帰るわけにもゆかないので、ほんの数曲だけお付き合いして早々に我が家へ。それまで使っていた中域用の755Cもトゥイーターも外し、頂戴してきた511Bホーンと804Aドライバーにチェンジした。

同じアルテックとは言っても、中高域がコーン型の755Cから、コンプレッションドライバーとセクトラルホーンにチェンジなのだから、当然サウンドは雰囲気も表情もガラリと変った。

実はぼくはそれまで、ホーン型の音を自分の部屋で聴いたことはなかった（前記したタンノイ「モニター15」の中高域用は別として）。511Bホーンは劇場用とは言ってもそれほど大きくはない。横幅は60㎝程度だからウーファーを納めた箱の上に置けるし、6畳間での視覚的なイメージも、それほど目立ち過ぎる感じではない。ところが鳴らしてみるとサウンドのエネルギーは別物で、755Cのようなコーン型のエネルギー感とは違い、大げさに言えば音響兵器でもあるかのように襲いかかってくるのだ。もちろん指向性の問題もあるし音量バランスの問題もある。指向性に関してはいかんともし難いのだが、音量はネットワークのアッテネーターで絞ればいい。

「N500G」ネットワークのクロスオーバー周波数は500Hzで固定。遮断特性は㊀12dB

／oct。アッテネーターは高域側のみ、1・5dBステップで5段階に絞れる。ウーファーの受け持ち帯域は500Hzまでとは言うものの、遮断特性は⊖12dB／octだから1kHzぐらいまでは楽に音が出ているはずだ。それに対し高域ホーンの遮断特性は同様に500Hzで⊖12dB／octだが、低域に対してはホーンのメカニカルカットオフが働くため、低域側はせいぜい400Hz程度までしか鳴っていないはず……。などと、乏しい知識を頭の中でこね回し、だからホーンのエネルギーを制御できないはずはないと、アッテネーターを操作したりホーンの向きを少し変えてみたりした。でもやはり中高域のエネルギーが強すぎてバランスがとれない。

要するに部屋が狭すぎるのだ。ホーンと耳の位置が近すぎ、反射などでエネルギーが分散する以前にダイレクトに音が耳に飛び込んでくるからに違いない。そのてん同じ距離でもウーファーは指向性が広いので、すでに床や壁に反射した音を交えて聴いていることになるため、エネルギー感が合わないのではないかなどと想像を巡らせた。

エネルギッシュなホーンの音はジャズのブラスなどを聴くときにはお誂え向きだが、ぼくの場合は、だからと言って喜んでばかりはいられない。ことに弦楽器やヴォーカルなどには厳しく、しばし茫然自失の様だった。

だが、その音響兵器のような音の中に、これまではけっして感じることのできなかった、格別な透明感や鮮度の高さなどが感じられるのもたしかなのだ。しかもその質感が、ジャズのブラスなどでのみ冴えるのではなく、ときとしてバロック曲の弦の音色や表情にもコーン型からは聴くことのできない、単なる鮮度感を超えた生命感とでも言おうか、そんな生き物の気配にも似た感触が得られることに気付きはじめた。

と言っても、それは人に聴かせて自慢できるほどたしかなものではなく、ぼくには何かそんなものが感じられたという程度のことなのだ。ではあってもぼくは何故か、弦楽器の再生に感じられるその音の魅力をどうしても無視することができなくなっていった。

しかし、このとき当面ぼくが思い付いたことと言えば、やむを得ずホーンをかなり外側に向けて音を壁に反射させ、ダイレクトに耳に届くエネルギーの比率を下げること。そしてもう一つ、トゥイーターを外して2ウェイになっていた構成を、再びトゥイーターを加えた3ウェイに戻すことだった。これは高域が足りないからではなくホーン型での最高域の質感がどうしても繊細さなどに乏しく、それがより再生の鋭さを増しているのではないかと思ったからだ。

丁度その頃、パイオニアから同社初のリボン型トゥイーター「PT-R7」が発売された。これをいつものようにステレオサウンドの試聴室で聴いてみるとなかなかいいので早速入手。かくして以来、現在までつづく38㎝ウーファーによる低域、ホーン型スコーカーによる中域、そしてリボン型トゥイーターによる高域という、ぼくのシステムの原型のようなものが出来上がった。あの新宿の事務所で造った初のシステムからおよそ10年が経過していた。

因縁のマランツ「モデル7」

フォノモーターのガラード301が新しい401に交替し、301が中古市場に出てきたので、それを買ったとの話は先に申し上げた。同様にトーレンス「TD124」も新しい125になったことから、124が中古市場に出回るようになりこれも後に入手することになるのだが、その間にもう一つ、マランツの「モデル7（セブン）」もソリッドステート化したモデル7Tに代替わりした結果、管球式のモデル7がアメリカの中古市場に出回るようになった。

マランツのモデル7はステレオLPが登場して間もない1958年に発表され、アメリカではたちまち大評判になった。だが当時の日本に伝わったのはその噂だけで、製品が店頭で見られるようになったのは1962〜63年頃だ。と言うのも、当時、大卒男子の初任給が2万円前後だったのに対し、モデル7は16万円もしたからだ。

しかも1965年頃にはソリッドステート化した7Tが登場し、7は発売から10年も経たずにディスコンになる。だが、日本では7Tは不評だった。でもアメリカでは人気だったらしく7から7Tに買い替える人も多かったようで、その7が中古市場に出回った。

たしか1974年だったと思うがアメリカに行った某輸入商社の人が、程度のいい中古のモデル7を2台買ってきた。「もしよかったら買値で1台ゆずる」と言うので、それを買った。早速、ちゃんと音が出るかどうかと我が家で鳴らした、その音を耳にした瞬間、ぼくはモデル7にまつわる以前のある出来事を想い出した。

それは、その10年ほど以前のことだから、ぼくが新宿のデザイン事務所でオームさんに教えられながら、初のオーディオシステム造りに励んでいた頃だ。

あるときオームさんが「おい、一緒にヨーロッパに行かないか」と言い出した。それを聞いてぼくは、オームさんは頭がおかしくなったのかと思った。まだ若かった当時の我々にとってヨーロッパ旅行など夢のまた夢だったのだ。しかし学生時代からオーディオ誌の筆者として活躍していた彼にとっては、とくにそのオーディオ製品を通じて夢を育んでいたヨーロッパへの憧れは、相当なものだったはず。それに当時、新米デザイナーだったぼくも、デザインを通じてのヨーロッパへの憧れは同様だった。

新宿の小さな酒場でのことだったが、そこで我々二人は固い約束を交わしたのだ。

夢のまた夢を実現させる彼の計画はこうだ。もちろん飛行機で行くなどその頃の我々には論外。そこでまず、当時開設されたばかりの新潟~ナホトカ航路でナホトカに渡り、そこからシベリア鉄道でモスクワへ。さらに鉄道を乗り継いでパリに入る。この行程が約8日間。あとはヨーロッパ各地を無銭旅行で1ヵ月。帰りはマルセイユから貨客船の喜望峰廻りで1ヵ月の船旅。パリまでが10万円。滞在費が10万円。帰りの船賃が10万円。合わせて30万円をそれぞれ1年間で貯めようという約束だった。

そのとき「その間は酒も呑まずに……」との話は出なかったが、「ほかの物を買ったりはせずに……」との約束はした。実は彼は、自堕落のそしりを自らも認めるほどの男で、貯金などできるタイプではなかった。だがこれは、そのオームさんが自ら言い出した話なのである。

「イギリスはどうする?」「もちろん行かなくっちゃ。タンノイがあるんだぜ。知ってるかいタンノイを。それにクォードだってあるし。あれはケンブリッジにあるんだ、ケンブリッジに」

ぼくだってもうタンノイやクォードの名前ぐらいは知っていた。でも「ああ、そうか。それなら絶対に行かなくっちゃ」と、すでに半ばろれつの回らなくなった口で、そんなふうに言った覚えがある。

それから1年。ぼくはせっせと貯めた。オームさんも貯めた。でもお互いに呑み歩きだけはやめなかったこともあり30万円は無理でぼくは10万円ほど。ぼくより稼ぎがよかったオームさんは15万円ほどになっていた。

そんなある日のこと、オームさんはちょっと気まずそうな顔をしながら「例の話だけどさー、どうもヨーロッパは無理だな」と言う。「だから、あと1年間頑張ろうよ」と言うと彼は、「この前から言おうと思っていたんだけど、我慢できなくなってさー、マランツのセブンを買っちゃったんだよ……」「なに？　買っちゃった⁉」「悪かったゴメン。どうしても我慢できなくなって……。でもなー、いい音なんだぜ。よかったらこれから家へ聴きに来ないか」とぬかしおった。

ときに夕方の銀座などでオームさんと待ち合わせたりすると、彼はヤマハ銀座店のウィンドウに鼻を押しつけるようにして、飾ってあるモデル7を穴のあくほど見つめているのは知っていた。読者のお宅でその音を聴き「ありゃー本物だ！」と溜息をもらしていたのも知っていた。だがともあれ、彼は自分から持ちかけた約束を断りもなく一方的にホゴにしたのだ。ぼくは呆れ果てて二の句が継げなかった。

まったく、どうにも救い難いほど自堕落な男だ。そのときぼくは心底そう思った。このぼくの判断に間違いはなかったのだが、でも、その自堕落スイッチをそのときガチン！と押したのは、マランツ7の魔力のなせる技だったに違いないと、後に気が付くことになる。

日本におけるマランツのモデル7は前記のような時代的な背景からも、新品を購入したのはごく限られた富裕層のオーディオマニアだけで、オームさんは例外中の例外。したがってぼくも、彼の家以外でモデル7を聴く機会はほとんどなかった。だがその頃のぼくは、それをいい音とは思ったが、でも、完全に心を捉えられるだけの聴き手としての素養がまだ備わっていなかった。だから音はいいにしても、それ以上に、ヨーロッパ旅行をフイにした憎きアンプでさえあったわけだ。

それなのに、いかに格安で良品の中古とはいえ、しかも現用のマッキントッシュ「C26」が気に入っているのにモデル7に手を出したかと言えば、この場合もガラード301と同様で、この飾り気のないシンプルなデザインの魅力だった。ことにウッドケースに納めた姿は、パネル面に単にいくつかのツマミや既製品のスイッチを配しただけでありながら、なんとも言いようのない気品を漂わせているではないか。

その美しさに見とれながら試しにと鳴らしたその音を聴いて、ぼくは改めて驚嘆することになる。それはぼくの想像をはるかに超える素晴らしさなのだ。デザインが感じさせる言いようのない品位の高さが、そのままサウンドに転じてぼくの部屋を満たしてくれたかのようにだ。そしてまたこの10年ほどの間にぼくの耳は、モデル7のサウンドに驚嘆できるまでに成長していたことにもなる。

狭い部屋にアルテックのホーンを持ち込んで思うように鳴らずに悩んでいることなど、まったく忘れさせてしまうような雰囲気のよさだと、そのときは思った。もちろんC26の持ち味とは相当に違う。もっとデリカシーに富んだ線描画のようでいて、それが線ではなく面なのだ。その面の重なりが透けるように透明でありながら、けっして薄味ではなく品のいい濃い口の味わいだ。

そうか。オームさんに自堕落スイッチを押させたのは、マランツ7のこの魔力の仕業なのだと、そのときぼくはやっと気付いたのだった。

6畳間から追い出される

ホーン型による中域の上をリボン型トゥイーターでつなぐという、ぼくのシステムの原型のようなものができたとは言ったが、けっしてこれがご機嫌に鳴ってくれたわけではない。先に申し上げたような、ことに弦楽器やヴォーカルなどに対する違和感は相変らずなのだが、思ってもいなかったモデル7の参入により少し表情にゆとりや緩みの印象が感じられるようにはなった。

ではあってもこれで問題解決というわけではなく、アンプも、曲によってはＣ２６のほうが好ましい場合もあり、結局プログラムソースによりＣ２６とマランツ７を使い分けるような状態だった。ただし、このどちらの場合もシステムの欠点を極端には目立たせないという程度で、共にご機嫌な鳴り方をしてくれたわけではない。

ぼくのプログラムソースは相変らずバロック曲が中心だったが、でも少しずつ時代が若くなる傾向も加わり古典派やロマン派の曲も増えはじめていた。

と同時に、先に申し上げた新宿の事務所で、ぼくのシステムの鳴らし初めのときにレコード店で見かけた、分厚いセット物レコードを何巻も買う初老の紳士の話をしたが、実はあれ以来、ぼくの心の中にセット物レコードへの憧れが密かに芽生えはじめていた。だがセット物は高価でもあるし、それにセット物なら何でもいいわけではないから、あまり購入のチャンスは巡ってこない。

古典派の中ではやはりベートーヴェンの存在が大きい。交響曲はぼくも数曲は持っていたが、それよりぼくが気になっていたのは弦楽四重奏曲だった。これも例の大フーガだけは持っていたのだが、それより、以前から4番が欲しいと思っていた。それもとくに「凄い」との話を聞いたことがあるブダペスト弦楽四重奏団の演奏が狙いだったが、ただしそれは3巻からなる全集セットの、初期6曲中の1曲なのだ。

ブダペスト四重奏団はSP時代から何度もベートーヴェンを録っているが、狙いの盤は初のステレオLPであり、同時にブダペストにとって最後のベートーヴェン弦楽四重奏曲全集でもある。曲集は初期／中期／後期の3巻からなり、ぼくはまだ聴いたことはなかったのだが、なぜか欲しくてたまらないレコードだった。

それがある日レコード店であれこれと物色していたとき、その全集3巻が棚に並んでいるのを見付けた。たぶん発売から10年前後は経過していると思うが、でも当時は特別なことではなかった。もちろん新品で米コロンビアのオリジナル盤だ。しかし3巻まとめてとなると結構な出費になるが、でも、そこは例の初老の紳士気取りでと思い切って財布を空っぽにし、レコードの重さを実感しながら我が家へ急いだ。

我が家でまず取り出したのはもちろん第4番だ。プレーヤーはガラード301。ピックアップはトーンアームがFR54でカートリッジはオルトフォンSPU-GE。そしてプリアンプはマランツのモデル7。パワーアンプはマッキントッシュMC2105。

前記のようにこの状態で、ことに弦楽器ものをご機嫌に鳴らしてくれるとは言い切れなかった。ともするとホーンが受け持つ中高域あたりが表情にゆとりのない直線的な音に傾きがちなのだ。

そんなことを承知のうえで、さあ、どうだろうと4番の第1楽章に針を降ろした。

悲愴感をもつとされる第1主題。少し明るさを加えた第2主題とつづくが、この辺りでちょっと姿勢を正して身構えたくなった。とくに2挺のヴァイオリンがギラッとした鋭角的な輝きを強めはじめたのだ。そして展開部でのクライマックスに近づくと、ヴァイオリンにリードされた4挺の弦が、思わず音量を絞りたくなるような強烈なアタックを展開。しかもそれは音が「噛みつく」かのようでもあり、あるいは「吹き出す炎」のようでもあり、少なくも音楽としての雰囲気のよさとは縁遠いものだ。

そう言えば以前にレコード雑誌の記事で、この演奏のことを「まさに鬼気迫るがごとき……」と紹介しているのを読んだ記憶がある。そうか、この音のことだったのかと思ったが、同時にぼくは茫然ともした。これは一体何故なのだろうと。少なくも鑑賞にあたいする音楽の雰囲気ではないのだから。

では、もう二度と聴く気にならないかと言うと、そうではなく何故か再び聴いてみたくなる。そしてまた「耐えられない!」と針を上げる。それが演奏ゆえか、録音ゆえか、あるいはカッティングゆえなのか再生ゆえなのかも不明だ。でもぼくは何となく、原因の30%ぐらいはカッティングにあり、残りの70%は再生にあるのではと思うようになった。

何となくそう思っただけなので現在でも断言はできないのだが、何度も聴きたくなるのだから、演奏は問題なく魅力的なのだ。それに録音でこの状態が生じたとしたら、録り直すだろう。となると問題はカッティングだ。録音とカッティングは曲順通りらしいので、初期の6曲は1958年（後期は61年）の録音だからステレオカッティングがはじまったばかり。中期のセットや後期のセットにもこの音の傾向は多少あるのだが、でも初期の6曲ほどではないのだ。したがって原因の30％ぐらいはカッティングにありと考えたわけだ。

ではあっても残りの原因の大半は再生にあると思った。その時点でのぼくのシステムの前記したような不完全さを、このレコードはことさら強調しているからに違いないと。そうだとすれば当面この盤をテストレコードと考え、これがある程度まで納得できる音で再生できるようシステムを調整するのが早道と考えた。

しかしそうは言っても、ぼくにはすでに打つ手がなにも残っていないのだ。まだ試していないのは部屋のサイズを拡げることだけだが、これはすなわち転居を意味することになる。だが、仕方がないと、ついに決断した。

引越しにより広い音響空間を確保

引越すのなら少しでも都心に近いほうがいい。でもそうなると一戸建ては無理なので、マンション以外にはない。その場合、問題はオーディオの再生音による、上下左右の隣接住民とのトラブルはよく耳にする話だけに、これは絶対に避けなくてはならない。

その結果、鉄骨とＰＳコンクリート板の建物は除外して良質な鉄筋コンクリート製の建物だけを条件にした。でもこれは金銭的な意味も含めて容易ではなかったのだが、かなり無理をして、ようやく条件に合う部屋を見付けた。場所は杉並区の荻窪で、その頃音のいいホールとして室内楽などの録音によく使われていた、杉並公会堂の裏に道路をへだてて隣接したマンションだ。ただし、必要な広さをもつ専用のリスニングルームは確保できなかったが、14～15畳ほどのダイニング・リビングがあるので、その一部をリスニング用スペースとして使うことにした。

荻窪への移転は１９７５年の秋だ。ぼくが「ステレオサウンド」誌の7号ではからずも筆者デビューしてから8年近くになり、もうその頃には「ステレオサウンド」誌のレイアウトなどからも退き、もはや筆者が事実上の本業になっていた。そのためこの移転を機に、それまで部屋にあった製図台などデザイン作業用のものは放棄。拘っていたインダストリアルデザイナーへの途も諦めざるを得ないと納得した。考えてみれば、山中さんから頂戴したアルテックのホーンが、ぼくにデザイナーを断念させたと言えるのかもしれない。

そんな以前のぼくを知っている方々は、ときにぼくのことを「デザイナー上がりのオーディオ評論家」などと言って下さるが、それは違う。「上がり」とはその途を極めた上で、さらに他の途に転じた方のことだ。だからその言い方をするならぼくの場合は「上がり」ではなく、「デザイナー下がりの……」とするのが正しい。

まあ、それはそれとして、こうして自分でも「オーディオが本業なのだ」と決断したことにより、以来ぼくは趣味と仕事がまったく同じという最高に幸せな一人となった。しかもその結果、ますますオーディオにのめり込んでゆくこととなったわけだ。

今度は空間にある程度の余裕ができた。そこでまずウーファー用のエンクロージュアを、これまで使っていたいただき物から、容積が倍近くになるアルテックの「６２０Ａ」にチェンジした。これはＡ７のような劇場用ではなく、モニター用の38㎝口径同軸型ユニット「６０４－８Ｇ」を家庭用として使わせるためのエンクロージュアだ。したがってＡ７のようなショートホーンはなく、バッフルにエアー抜きの角孔だけがあるごくシンプルなもの。

これを縦置きにして上に５１１Ｂホーンを載せると、視覚的にも納まりがよく、ホーンの位置もやや高め程度に納まる。そのホーンの横に以前の家でも使っていたリボン型トゥイーターPT-R7を置いた。

さっそく音出しスタートなのだが、ただし最初の二日間ほどは音量を少し大きめにして、何も考えずに鳴らすだけ。現在でもつづいているのだが、ぼくは午後7時以後は絶対に音を出さないので、朝の10時ごろから午後7時まで、音を出してみたり止めてみたり、ときに数時間ほど鳴らしっぱなしにしてみたりを繰り返した。別におまじないではない。上下左右の部屋に住まわれる隣接住民の反応を、まずたしかめたかったのだ。苦情がこないようにと祈りながら。

結果はOKだった。どこからも何の苦情もない。どのお宅も昼間は留守かと思ったが、そうではなかった。きっと建物の造りがよかったのだろう。ちなみに、ぼくが午後7時以後に音を出さないのは、近所迷惑への配慮からではまったくない。7時以後のぼくは確実にほろ酔い状態だからだ。

絶対に酔ってレコードを掛けてはいけない。必ず盤面に傷をつけるから。それに酔ってアッテネーターやトーンコントロールなどに触れてはいけない。必ずとんでもない音にしてしまうから、なのである。

本題に戻ろう。こうして新しい空間を得た511Bホーンが、ガラリと変ってまったく素晴らしい音を聴かせてくれるようになったかと言うと、残念ながらやはりそうはゆかない。だが6畳間でのようなコントロール不能とも言いたくなる状態に比べれば相当によくなったと言っても間違いではない。少なくもスコーカーが噛みついてきたりすることはもうないし、イメージの上でも、一応ウーファーとスコーカーとの音色のつながりを感じさせるようにはなった。

しかし、これはもっと後になって気が付くことなのだが、511Bホーンと416Aウーファーの組合せで、ことに弦楽器などをリアルで心地よく鳴らすには、一つにはウーファーをA7のようなホーン付きエンクロージュアで使うことが必要なのだ。その結果として低音のエネルギー感が高まることにより、中高域の突出を目立たなくしてくれる。

それにはエンクロージュアの置き場所としてのスペースも必要だが、それだけではなく、音響空間としてのスペースがより重要だ。すなわちウーファーをもっと朗々と鳴らさなくては、中高域ホーンのエネルギーとのバランスがとれない。その意味ではホーンなしの620Aエンクロージュアも、あまり役に立ってはいないことになる。

より多くの機器が置ける

ぼくが当面なすべきことは、この新しい部屋にセットした「アルテック」+「PT-R7」の3ウェイシステムで、あのベートーヴェンの弦楽四重奏曲を鳴らすことだ。そのことは十分頭に入っていたのだが、しかしいっぽうでは前記したマランツ・モデル7の例のように、実物さえめったに見る機会がなかったかつての名機たちが、世代交替の波に乗って続々と中古市場に顔を見せはじめていた。

その一つが少し以前に中古品を手に入れたガラード301だったのだが、今度は、以前からぜひ欲しいと思っていたトーレンス「TD124」の美品を発見して購入。これも新しいTD125にバトンタッチした結果、とくにアメリカの中古市場に登場したものが日本までやって来たわけだ。新しいTD125は全面的に新設計されたもので、もちろんデザインも従来機が持っていた人肌の温もりに通じるようなキュートな味わいではなく、ガラリと現代的スタイルに一新。これがガラードの場合と同様にアメリカでは人気を博した。でも日本では、すでにDDモーターの全盛期に入っていたこともあり、あまり注目度は上がらなかった。

以前の6畳間ではプレーヤーを2台置くなどまったく無理なことだったが、今度の部屋ならそれができる。しかも先にお話ししたトーンアームFR54の折り、別に1本だけ造ってもらった「B型」と称するアームは、いずれトーレンスのTD124を手に入れることができたとき、それに組み合せるつもりで造ったものなのだ。そこで早速しまっておいたB型アームを取り付け、カートリッジはオルトフォンSPUの放送局用と言われた「Aタイプ」を装着。

このAタイプはコネクターから針先までが短く、通常のアームで使う場合はアダプターを介して長さを合わせないとトラッキングエラーが増加してしまう。しかしぼくはそれを承知で敢えてアダプターなしで使うことにした。理由は二つ。その1は、この状態でTD124に取り付けたコンパクトなスタイルが気に入ったから。その2は、アダプターなしのほうが反応がたしかで音がいいからだ。この結果トラッキングエラーは増加しているはずなのだが、いくらアダプター付きと聴き比べてみても、ぼくの耳にはトラッキングエラーが増えたとは感じられない。ぼくは、自分の耳で感じられなかったことは何もなかったことにすると、以前から決めていた。この考え方は現在でも変らずなので、トラッキングエラーがアナログ再生のネックなどと思ったことは、かつて一度たりともない。

現にこのプレーヤーシステムは、音もスタイルもひじょうに気に入ったものになった。

また以前から、一般的にはトーレンスの124に組み合せるアームは「SME3009」が定番とされていたこともあり、それも試してみたいとSMEを購入。ぼくのB型アームと載せ替えて雰囲気や音の違いを楽しんだ。ということは、いつの間にかまたこの音の遊びに舞い戻っていたわけだが、トーレンスは複数のアームを簡単にアームボードごと置き替えることができるので、それを実際にやってみたかったという意味もあった。

同じ頃に、今度はマランツの管球ステレオパワーアンプ「モデル8B」と、モノーラル機「モデル9（ナイン）」の極上中古品があるとの話が舞い込んだ。もちろんこれらもアメリカの中古市場からやって来たものだ。ぼくはモデル7を入手後パワーアンプも気にはしていたのだが、その時点では置き場所を確保することさえできなかったが、今度の部屋ならそれも置ける。

以前、マランツのパワーアンプは「9」より「8B」のほうが音はいい、との話を耳にしたことがあった。しかしぼくの目当てはモノーラル機の「9」だった。出力にかなり差があることもあったが、それより、ぼくはパネルを持たない昔ながらの管球アンプスタイルがあまり好みではなかった。そのてんモデル9はバイアス調整用メーターを付けた堂々たるパネルを持つもので、マランツ7とのペアとしてもふさわしいと思えた。パワーアンプに関しては現用のマッキントッシュMC2105を気に入っていたのだが、マランツ7に感動したことから、ペアのパワーアンプとしてモデル9は理想的に違いないと考えたのだ。

当然、2台のマッキントッシュには暫くお休みいただくことにして、アンプはマランツのプリとパワーにつなぎ替えられた。そしていつものようにワクワクと胸をときめかしながら、例の4番はひとまず後にして、以前から聴き慣れている何枚かを鳴らしはじめた。

結果は例によって例のごとしだ。すでにこれまで何度も体験してきたように再生の雰囲気はかなり変る。そしてその変化を無批判に喜び歓迎することからはじまる。このサウンドこそ、ぼくがまだオーディオを知る以前のハイグレードサウンドだったのだと、疑いもなく信じる。もちろんこれまでは聴けなかった魅力があるとともに、いっぽうではこれまではなかった欠点も生まれているわけだ。でもその時点では、音が変ったことのすべてを好結果と信じ大成功と有頂天になる。

そればかりか管球機時代のマランツは今の内に手に入れておかなくてはと、FMチューナーの「モデル10B」まで購入したほどだ。しかもこれは受信周波数帯域がアメリカ仕様なので、コイルを巻き替えて周波数を日本仕様にしなくては使えないという面倒な品物だったにも関わらずだ。

それに先にも申し上げたように、ぼくはFM放送にはあまり興味がなく、マッキントッシュのチューナーもつないではあったが実際にはほとんど聴いてはいなかった。だからこの

10Bもマランツ7の魅力を知ったことにより、なぜか、なくてはならない物と思い込んでしまった結果でのことだ。それにこの部屋ならチューナーが1台ふえることなど何の問題もなかったからだ。

部屋が広くなりいろいろな機材が置けるようになったことから、暫くはそのことに浮かれていた感じもある。しかもモデル9のように、音が変ったことだけを無批判に喜びその音の変化だけを楽しんでいたのもたしかだ。

しかし、やがてその間違いに再び気付く。これでは単なるオーディオごっこだと。それと共に惚れ込んでいたマランツの「7」+「9」のアンプシステムが、それほど魅力的なものとも思えなくなってきた。ことにパワーアンプ9の音に疑問を感じる部分が多くなった。その疑問を決定づけたのも例のベートーヴェン弦楽四重奏曲の4番だった。

当初はマッキントッシュのパワーアンプよりキリッとして、演奏の表情などの格調が高く立体感にも富んでいると受け取っていた。しかし次第にそれが、とくに強奏などでは硬質で角張ったドライな響きに思われてきた。輪郭がカチッとして、かつ力強いのだが、逆に芳醇さや柔軟な感触には乏しすぎると。

これを契機にぼくは、現在のアルテックのスピーカーシステムを、この部屋で、ネットワーク結線によるシングルアンプで鳴らすには、無理があるのではないかと思いはじめた。もちろんこのスピーカーならではの魅力を、弦楽器やヴォーカルなどに発揮させることを条件とした場合だ。とすれば以前に一度、ちょっと試しただけでやめてしまったマルチ（チャンネル）アンプ方式に、もっと本腰を入れて取り組んでみるべきではないかと考えはじめたのだった。

閑話2

チョコレートの話

「えっ、あの虫下しチョコレート、お宅の会社で作っていたんですか?」「そうです、我が社の製品です。現在の我が社は有名店などに納める高級チョコレートメーカーですが、もともとは製薬会社でして、学童用の虫下しなどが主力でした」「それで社名がAB化成産業なんですね」「そうです。その虫下しが飲みにくいので、チョコレートの味を付けたのがヒットしましてね。でも世の中の衛生状態がよくなると虫下しの需要が低下し、次第に薬品よりチョコレートのほうが主力になってきて……。そうですかご存じでしたか、うちの虫下しチョコを」

そう、ご存じどころではない。あのチョコレートにはけっして忘れることのできない、まさに苦い想い出があるのだ。

現在では専門学校と呼ばれるが、当時は各種学校と称されていた、桑沢デザイン研究所の卒業を目前にしたぼくは、いくつも年上だった同級生と共に就職を嫌ってデザイン事務所の旗揚げを企てた。新宿の三越裏の一角でその事務所がスタートを切ったのは1962年の春のことだ。

このデザイン事務所での最初の大きな仕事相手が前記のAB化成産業。有名店ブランドなどOEM商品で得たチョコレートづくりの実力をベースに、コネを頼りにした鉄道弘済会（現在の Kiosk）ルートでの自社ブランド商品発売プロジェクトで、我々はそのパッケージデザインを担当することになった。冒頭の会話はその第1回の顔合せの折り、先方の社長さんがまず自社の紹介をしてくれたときのことだ。「ご存じでしたか。アルテルミンという商品名でしたが、あの虫下しチョコは我が社の救世主でしてね。大好評で、全国の小学校に配布されましたから」と。

ぼくは「そうだったのですか」と笑顔をつくりながら、しかし腹の底では「なに言ってるんだ、あんな酷いもの作りやがって」と思った。と同時に忘れもしないあの虫下しチョコの、単なる苦みだけが蓖麻子油のプーンとくる臭いと一緒になった、とても耐え難い味の記憶が蘇ってきて、ポケットからそっとハンカチを取り出し、思わず口許を拭わずにはいられなかった。

１９３８年生まれの僕は、物心がついたときはすでに第二次世界大戦の真っ只中で、まともなお菓子の味など一切知らずに育った。３歳年上の兄は、この3歳の差がものを言って、戦前のキャンデーやチョコレートなどの味を知っていたらしく、べつに教えてくれなくてもいいのに「チョコレートっていうのは、よだれが出るようないい匂いがして、口の中が甘さで一杯になって……」などと言って僕を悔しがらせた。とにかく、甘さには徹底的に飢えていたのだから。

やがて終戦。戦後の我が家は、軍事工場につとめていた父親の戦後処理の転勤にくっついて、岡山県水島のへんぴな干拓地の社宅に住んでいた。ただし父は2年ほどで水島工場での戦後処理が終わり、つぎは香川県の坂出工場、さらに大阪の境工場、そして東京の板橋本社と各工場へ単身赴任。社宅の住人の中にも、失業して大阪や東京へ出稼ぎに行くなどで、父親のいない留守家族が少なくなかった。

学校は、「八丁土手」と呼ばれる立ち木1本すらない干拓地の土手を、延々と歩いてたどり着く連島町の小学校で、子供の足では1時間近くもかかる。地元の子供にまじり僕のような社宅住まいの子も皆そこへ通う。

そんな社宅の子の一人が冬休み明けに登校したある日、かばんの中から大事そうに、折りたたんだ銀紙を取り出した。それを皆に見せびらかすようにしながら「なー、匂い嗅がせたろか。ええ匂いぞ」と、チャリチャリ小さな音をさせながら銀紙をそっと開き、鼻を近づけてみせる。取り囲んでいた中の一人が「どりゃ（よーし）」と同じように鼻を近づけ、一杯に息を吸い込もうとすると、持ち主の子は、そんなに全部吸わせるものかといった感じでその子を押し退ける。押し退けられた子は顔を赤くしながら、「ぼっけー、ええ匂いじゃ！」と絶叫。「ぼっけー」は凄いという意味の方言である。たちまち「わしにも」「わしにも」と手が伸び、銀紙はチャリチャリと音をたてる。そしてそれぞれに「ぼっけー」がくり返され、「ええ匂いじゃ！」とか「甘っめー！」とか「何じゃこりゃ！」とかの叫びが渦巻く。

銀紙の持ち主はおもむろに解説をはじめる。「知らねえんけー。こりゃハーシーの板チョコが包んであった銀紙さ。父ちゃんが正月にいんで（帰って）きたとき、東京のヤミ市で買うてきたんぞ」と。「ハーシー？」「そうじゃ。アメリカんじゃ」「アメリカか」「板チョコはどないした」「もう喰うてしもうたわ」「もう喰うたんか。旨めーか？」「そりゃ旨めーさ」「どないに？」「どないて、ぼっけ甘もーてよ、ちっと苦ごーてよ、そんでミルクの匂いもするさ」「そーや、こりゃミルクの匂いや」「ほんまに、もう喰うてしもたんか？」「ほんまやて」

皆の羨ましそうな視線がその子の一点に集まる。その間にも銀紙は何処かでチャリチャリと音をたてている。

地元の小学校では、子供達だけでなく先生までもが都会から来た社宅の子をよそ者あつかいだ。おおむね成績は地元の子よりいいのだが、地元の先生にとってはそれが気に入らないらしく、担任の女先生はその典型だった。

社宅の子は家が遠いこともあって放課後の遊びの輪にも入れず、何をやってもヒーローになることなど滅多にない。でもその日の銀紙の持ち主は、まさにヒーロー。でも同じくよそ者のぼくは、その銀紙の嗅ぎ回しにも加われず、輪の外で銀紙のたてるチャリチャリした音や、皆の絶叫を聞くだけだった。もちろんチョコレートの匂いなど届くはずもない。

始業のベルが鳴っても皆なかなか席につかなかったが、女先生が現われて仕方なく席に着く。やがて授業が始まった頃、後ろの席にいた銀紙の持ち主が、嗅ぎ回しの輪に入れなかったぼくを同じよそ者同士の思いやりでか、背中をツンツンと突つく。同時にかすかにチャリチャリと銀紙の音がする。先生に気づかれぬようそっと振り向くと、その子は銀紙を差し出し「ちっと嗅いでみー」と小声で言う。でもぼくは首を小さく横に振って「ダメダメ」と小声でこたえた。この女先生はなぜか僕を目の仇のようにし、ちょっとでもぼくに落度があると地元の子の三倍増しの感じで、ヒステリックに叱るのである。

でも銀紙の持ち主は僕が遠慮しているとでも思ったのか、「ええから、ええから」と言って後ろからぼくの脇の下に折りたたんだ銀紙を挟んだ。チャリチャリとかすかな音がした。と、ともに、その銀紙からスーと、ほのかだが、でもたしかにクリーミーで魅惑的な甘さの匂いが、脇の下から胸を伝わり頬を伝わり鼻の奥深くに染み込んでいく。ぼくはたまらず大きく息を吸い込み、それでもたまらず銀紙をそっと手に取る。またチャリチャリとかすかな音がする。

銀紙に鼻をそっと近づけると、かすかな匂いはもっと現実のものになって、その子が言っていた「ちっと苦ごーて」の苦みまで芳しく伝わるような、そしてたしかに絶叫したくなるような未体験のとろけるごとき甘さを感じた。口の中にじわっと唾液が満ちてくる。そしてまたチャリチャリと小さな音がする。

「ヤナギザワ！」。女先生のヒステリックな叫びが教室に響いた。同地では「サワ」と発音せずに皆が「ザワ」と濁って発音するのも気に入らない。「ヤナギザワ！　何しちゅる。そりゃ何や」。女先生はつかつかと近づき、隠すひまもなく半ば開いた銀紙をぼくの手から奪い取った。銀紙はチャラチャラッと乾いた音をたててキラリと輝いた。教室中の皆がその輝きに目を向けたとき、女先生は「何じゃ、こない物で授業中に遊びよって。おえりゃーせんがな（駄目じゃないか）！」とさらにヒステリックな叫びを発すると同時に、ヂャラヂャラッと音をたてながら一気に両手で銀紙を握りつぶして小さな固まりにした。そして「廊下に立っちょれ！」と言いながら教室の隅のくず箱に銀色の固まりを投げ入れた。

皆の視線がくず箱に注がれる。ぼくは重い引き戸を開けて吹きさらしの廊下に出る。吹き抜ける冬の風が僕の足元をこごらせた。でも僕は「あれがチョコレートの匂いか」と、鼻の奥に染み込んだその魅惑的な匂いをわずかでも消さぬようにと、そっと口だけで小さく息をしつづけた。「あれがチョコレートか、あれがチョコレートなのか」と心の中で繰り返しながら……。そう言えばぼくの父はその年、正月になっても帰って来なかった。

ほんの一瞬の匂いだけのチョコレート体験だが、ぼくのチョコレートへの想いはどんどん膨らんでいった。あの匂いのかたまりを口の中にほお張ったときのことを、独りで想像するだけでも幸せだった。いつまでもあの匂いが鼻の中に残っているかのように、銀紙が発した魅惑的な匂いはぼくの身体の中に深く浸透していった。

そんなある日、かの女先生が「今日、いぬるとき(帰るとき)皆にチョコレートを配るけん」と誇らしげに言った。ただし「必ず家にそんまま持っていぬり、親に見せて、よー説明を読んでもろうてから食べるように」と。教室の全員が「ワーッ」と歓声を上げる。そして放課後、それぞれに10本入りタバコの箱よりさらにひと回りくらい小さい、白っぽい紙箱が配られた。中にチョコレートが入っているという。誰もが「こんなに小さいのか」と失望したが、それでもすかさず鼻を近づけた一人が「チョコレートの匂いや!」と叫ぶと、全員が一目散に掛け出して家路に向かう。

ぼくも同じように駆け出したが、しかし簡単に家にたどり着ける距離ではない。八丁土手の半ばあたりでは小走りから早足になり、さらにやがてトボトボ歩きになる。でも気になるのはかばんの中の紙の箱。「チョコレートを食べるのに、なんで家に帰って説明を読んでもらう必要があるのか?」と思った。「あの女先生は口うるさいから」とも思った。そして「チョコレートの説明なら自分で読んでも同じことだ」と決めた。なにしろ家まではまだ30

分以上もかかるのだから。

かばんの中から白っぽい紙の箱を取り出す。どこにも『ハーシー』とは書いてない。何か聞いたことのないカタカナの名があった。箱の裏を読むと何だか虫下しのようなことが書いてある。でも、うわのそらだ。女先生はチョコレートと言った。それに鼻を近づけると、たしかにあのときのあのチョコレートに似た匂いがする。我慢の限界はすぐにおとずれた。箱を開けて中味を取り出すと茶色い紙帯にくるまれた銀紙がある。それをすっと抜き出して銀紙を開くと、幅2㎝、長さ5㎝、厚さ3㎜といった感じの薄茶色の小さな板。恐る恐る鼻に近づけると、身体の中に染み込んでいたあのハーシーの匂いの記憶とは少し違う。とろけるようなクリーミーな匂いがない。でもプーンと漂う苦みの匂いはハーシーの銀紙のそれに似ている。

ついにチョコレートがぼくの右手の2本の指につままれている。涙が出るほどの感激の一瞬だった。つぎの瞬間、その小さなチョコレートはぼくの口の中に半ば入り、前歯でポキッと半分に折られた。全部を一度に口に放り込むのは、あまりにももったいなくてできなかったのだ。

ぼくはあの匂いの体験以来、何度も何度もチョコレートを口に入れた一瞬を想像した。ぼくの舌がどう反応し、唾液がどのように口の中に満ち、クリーミーな甘さとあの苦みの香りが、どんな風に脳を刺激し全身に満足感がいかにして染み渡っていくかなど、すでにシミュミレーション済みだった。その現実の反応をぼくは待った。土手を渡る風は冷たかったが、でも、そんなことは少しも気にならなかった。

おかしいぞ、とぼくは立ち止まった。シミュレーションしていたのとはあまりにも違う。いや、それどころではない。これは明らかに不味い。それも極端に不味い。口の中に怪しげな蓖麻子油の臭いがベトッとした感触をともなって不快に広がる。しかも、さらに不気味に苦い。苦い薬は知っているがそれともまったく違い、ただ重く固く不気味に苦い。そして妙に唇の周りは甘いが、これも不気味だ。

「バァッ」と口の中の物を吐き出そうとしたが、すでにベトベトに溶けて舌や上顎や頬の裏側にこびり付いていて、唾液と一緒にわずかな茶色いベトベトが飛び散るだけ。口に指を入れてかき出してみたが、ただ指が茶色く染まるのみ。「水が欲しい!」。しかし水はない。いや、ある。八丁土手の付け根あたりの土手の下から、常にわずかな水の流れが海側の沼地に細い帯びをつけていて、こんなところにも水が湧くのかと思ったことがある。あの水でもいいと夢中で駆け出した。

わずかな流れを手のひらですくい、口に含んで吐き出す。少し塩辛い。それに油っぽい妙な臭みもある。だから湧き水ではなかったわけだが、でもこの不気味なチョコレートよりましだった。何度も臭い水を口に含んでは吐き出し、残った紙箱とチョコレートは海に捨て、やっとの思いで我が家にたどり着き水道の水で何度も口をゆすいだ。そしてやっと水を飲み込んだ。こんなに水道の水が旨いと思ったこともなかった。

もちろんこのことは母には内緒。現在のように学校でのことが、ただちにすべて家庭に伝わる時代ではなかったのが幸いだった。１９４８年の冬の話である。

だが以来、ぼくがチョコレート嫌いになったといったような事態は生じなかった。むしろ本物のチョコレートへの願望は一層高まっていった。しかし、本物のチョコレートの味を知るのはさらにずっと後のことだ。でも不思議なことに、そのときの感激はなぜか記憶にない。それなのに、いつの間にか無二のチョコレート好きになっていたのである。

ぼくが連島小学校に通っていたのは6年生の夏休み前までで、我が家は夏休み中に東京へ引越すことになった。その夏休みに入る前日、かの女先生はクラスの全員に「夏休み中の注意事項などを伝えるから、授業が終わったら校庭で整列して待っとるように」と告げた。

そこでぼくは校庭に出る前に職員室に寄り、「最後に皆にお別れの挨拶をさせてください」と頼んだ。女先生は「ああ、分かった」と言った。やがて校庭での話が始まったが、もう皆は明日から夏休みということで、一刻も早く家に帰りたいといった感じ。女先生もそれを感じたのか、「ほなら、これで終わりや」と言うと、生徒はまるで蜘蛛の子を散らすように我が家に向かって走り出した。ぼくが「先生！」と叫ぶと「ああ、そうやった。おーい皆、ヤナギザワが東京へいぬるとよう」と言ったが、もうそれは誰の耳にも届かなかった。

でもぼくは、そのことはあまり気にならなかった。それより、そのときはじめて「ああそうだったのか」と、やっと理解できたのは、女先生が言った「ヤナギザワが東京へいぬる(帰る)とよう」のひと言。あの女先生にとってぼくは邪魔なよそ者だったのだと、遅ればせながらようやく気付いたのだった。

あの不味いチョコレートの一件からの10年足らずで、チョコレートはそれほど高価な菓子ではなくなっていたが、すでに甘さだけを好む歳もすぎていたぼくは、もっぱら甘さを抑えた「ビター」がお気に入り。そうなると当時の日本のチョコレートと輸入物との味の差は歴然。ことにヨーロッパ製ビターの味を知ってしまうと、森永や明治やロッテなどは口にする気にもならなかった。

とは言ってもまだ学生だったぼくにとって、輸入チョコレートはそう気安く手の出せない値段だ。何しろ当時、１ドルが３６０円の交換レートだったこともあり、大卒の初任給８千円の時代に輸入板チョコの値段は２００円を超えていた。この間にも日本のチョコレート事情は年ごとに好転していったが、でも、ことにヨーロッパ製は贅沢品だった。

ＡＢ化成産業の仕事がスタートすると、思わぬ幸運が転がり込んできた。「まず手はじめに資料として、ヨーロッパを中心にした各国チョコレートのパッケージを集めてくれ」と言う。しかも「箱だけでいい。中味は食べて下さい」と。夢のような話ではないか。ぼくはまさに張り切ってせっせとチョコレートを買いまくった。

事務所は新宿三越デパートの隣だったので、チョコレート集めには絶好のロケーションだ。パッケージは整理してスクラップブックに。中味は僕のお腹に。幸いにも相棒はチョコレート好きではなかったのか、あるいは好きでもぼくがあまりに大騒ぎするので手が出しにくかったのか……。いや、彼はぼくの兄以上の年令だったので戦前の味を知っていたわけだから、ぼくのような苦い経験をともなうチョコレートへのこだわりなど、きっとなかったのに違いない。

ところでＡＢ化成産業のプロジェクトだが、パッケージデザインは順調に進み間もなく「スタート」という頃になって、頼りのコネがうまく機能せず鉄道弘済会ルートが望めなくなった。と言って一般市場ではとても大手ブランドには太刀打ちできないと、あっさり退却を決定。

「改めてチャンスを探って」との話もあったのだが、以後なんの音沙汰もなく、楽しかったチョコレートの買いあさりも、残念ながらそこまでの話に終わってしまった。だが、ぼくのチョコレート好きはいまだに変ることはない。

第六章　1975～1980

マルチアンプシステムは天国？
それとも地獄？

3ウェイ・マルチアンプ方式システム

スピーカーシステム	トゥイーター	パイオニア PT-R7
	ミッドレンジ	アルテック 804A ドライバー＋ 511B ホーン
	ウーファー	アルテック 416A
	エンクロージュア	アルテック 620A 用
プリアンプ		マランツ Model 7
チャンネルデバイダー		ソニー TA4300F
パワーアンプ	トゥイーター用	パイオニア Exclusive M4
	ミッドレンジ用	マッキントッシュ MC2105
	ウーファー用	マランツ Model 9
アナログプレーヤー	フォノモーター	ガラード 301
		トーレンス TD124
	トーンアーム	フィデリティ・リサーチ FR54
		エンパイア 980
		自作 B 型アーム
		SME 3009
	フォノカートリッジ	オルトフォン SPU-G ／ GE ／ AE、他

マルチアンプ方式にチャレンジ

最近ではスピーカーシステムは、メーカー製の、俗に「一体型」と呼ばれる完成品が主流になった。その結果、市場から単品のスピーカーユニットが姿を消してゆくなどで、マルチアンプ方式のスピーカーシステムを使う人は、ごく少数派と言える感じになった。しかし１９７０年代の当時は、マルチアンプ方式は本格派オーディオマニアのシンボルとも言えるような、ハイレベルなシステムと見做されていた。

その場合はもちろん、各自が自分好みの単品スピーカーユニットを買い揃えてシステムを組み上げるわけだ。でも、そこまではできないがマルチアンプ方式は使ってみたいという人のために、メーカー製のシステムコンポーネントにまでも、「３ウェイ・マルチアンプ方式」などと謳った製品があったほどだ。もちろんたとえシスコンではあっても、「３ウェイ」なら３台のパワーアンプを擁し、さらにコントロール機能に優れたチャンネルデバイダー（エレクトロニック・クロスオーバー・ネットワークという呼び方もあった）も付属している。

そんな時代だから各オーディオ雑誌の広告ページなどでも、マルチアンプ方式のメリットや楽しさが宣伝されていた。まるで、それこそがオーディオの天国でもあるかのようにだ。

それに、この方式には不可欠なチャンデバ（チャンネルデバイダー）も、日本の大手オーディオメーカーのほとんどすべてが製品ラインナップに擁していて、これも広告ページを大いに賑わせていた。ぼくが以前、一度試してそのままやめてしまったマルチアンプ方式に、改めて取り組んでみようと考えたのも、今にして思えばそんな風潮の影響が大きかったからと言えなくはない。でもそのときは、自分で思い付いた新たな作戦と信じ込んでいたのだから、いい気なものだ。

さらに、マルチアンプ方式に興味を抱きはじめたもう一つの背景には、中古のマランツ9を購入したことにより、パワーアンプが、これとマッキントッシュのMC2105との2台（セット）になったこともある。すなわち、パワーアンプをあと1台とチャンデバを用意すれば、3ウェイのマルチアンプ方式が可能になるということだ。

そうと決めたらもう矢も楯もたまらなくなるのがぼくの性分だ。そこでもう1台のパワーアンプは、パイオニアのトゥイーター「PT-R7」をドライブすることになるとの前提から、同じメーカーのほうがいいだろうと、パイオニアから登場したばかりの純A級動作のパワーアンプ「エクスクルーシブM4」を使うことにした。

それにチャンデバだが、これだけはステレオサウンド社にも預かっている試聴用機がなかった。なぜかと言えば、チャンデバはそう簡単に試聴してみることができないからなのだ。

たとえ試しにではあっても、それを使ってみるためには、仮に３ウェイなら、ウーファーとスコーカー（ミッドレンジ）と、それにトゥイーターの各ユニット。およびエンクロージュアが必要になる。加えてその各帯域用ユニットをドライブする、計３台のパワーアンプも必要だ。

しかも仮にそうやって音を出してみたとしても、チャンデバはパワーアンプなどと違い、それ自体が持つ独自の音を期待するものではないから（独自の音を持っていられては困る）、単に鳴らしてみただけでよし悪しの判断をすることなどできない。その判断をするには、チャンデバ本来の働きであるコントロール機能を様々に発揮させながら使いこなし、その結果で判断するしかない。したがってステレオサウンドの社内でも、試聴用に持ち込まれたチャンデバを目にすることは、ほとんどなかった。

そうなると市場での評判とか、あるいはこのブランドなら信頼できそうとか言った、いわば噂や勘に頼る以外にないことになる。そうした結果などからぼくが選んだのは、ソニーの「ＴＡ４３００Ｆ」というモデルだった。無色透明で固有の音色を意識させず、しかも多彩で高精度なコントロール機能などを重視すると、ソニーの存在を無視することはできなかったのだ。当時の同社アンプなどにはあまり興味はなかったが、チャンデバなら絶対と思った。こうして、ともかくもまとめ上げた３ウェイのマルチアンプ方式による、ぼくのシステムは別表（184ページ参照）のようになった。

手持ちの機器としてはこの他に、マッキントッシュのプリアンプC26をはじめ、同じくマッキントッシュMR77と、マランツ・モデル10Bとの2台のFMチューナー。それにマリオ・ベリーニのデザインが気に入っていた、ヤマハのカセットデッキ「TC800GL」。加えてルボックスの2トラック／38㎝オープンリールデッキ「HS77」などもあった。

もっともこのテープデッキは、当時の輸入元がコンテナで船積み輸入をしたところ、港での荷揚げ作業時にあやまってコンテナごと海中に落下。保険会社が全数を補償するのですべてを破壊し、処分してくれと依頼された。そのつもりでコンテナからすべての製品を取り出してみると、奇跡的にもほんの3〜4台だけ、まったく冠水していない完動品が出てきた。といって売るわけにはゆかず、しかし完動品を壊して捨てるのも忍びない。「そんな事情なので、もしよろしかったら使っていただけませんか」と内緒でプレゼントされた、言わば役得品なのだ。

当時はFMエアチェック用として人気のモデルだったので、ぼくも何度かはFMエアチェックに使ってみたりしたが、でも結局、ほとんど使わずに飾ってあるだけだった。それにマリオ・ベリーニがデザインしたカセットデッキも、せいぜいカーステレオ用のソースづくりに時折使う程度で、これもぼくにとってはオーディオ機器の範疇外のものだった。さらに勇んで買った2台のＦＭチューナーも同様で、結局どうしてもぼくは、テープやＦＭ放送などのソースには熱中することができなかった。

輸入盤の全集物に熱中

その反動でもあったのだろうか、ぼくのレコードへの執着心はますます高まり、せっせとレコード店に足を運んだ。ことに荻窪のマンションは前記したように目の前が杉並公会堂で、その公会堂に隣接して「新星堂」という大きなレコード屋さんが店を構えていた。そこならマンションからほんの1分もかからないわけだから、どうしても足しげく通うことになる。

１９５８年にスタートしたステレオＬＰレコードも、すでに20年に迫る歴史を重ねていたし、１９７３年以後は日本円も変動相場制になり円高に向かったことなどから、輸入盤も以前ほど高価なものではなくなりつつあった。それに輸入盤の専門店ではなくも例えば「新星堂」のような大型店でなら、輸入盤を比較的容易に手に入れることができた。

ただし、これは後になってから気付くことなのだが、１９７０年代以後の日本盤は、カッティング技術も製盤技術も輸入盤を一歩勝るとさえ言えるグレードになっていた。さらに加えて、塩化ビニールの材質にも優れていたことなどから、レコードとしての出来栄えはむしろ輸入盤を凌ぐレベルに達していたのだ。でも当時はまだ、輸入盤でもマイナーレーベルや東欧盤は別だが、アメリカや西欧のメジャーレーベル盤なら、日本盤よりはるかに優れていると信じ込んでいて、安くなったとはいっても割高な輸入盤を粋がって買っていた。

ことに日本盤の発売がないセット物などは、ぼくにとっては宝物を手にするようなもので、その頃はじめて買った『ベートーヴェン：交響曲全集（ベルリン・フィル／カラヤン）』も、日本盤ではなく皮張りのケースに入った、オリジナルの独グラモフォン盤を買って悦に入っていた。前にも、以前レコード店で見かけた、高価なセット物を買い込む初老の紳士の話をしたが、それ以後も、ますますぼくのセット物熱は嵩じつづけていたわけだ。

海外盤のセット物買いにはこんなこともあった。話は1956〜8年にかけてのハンガリー動乱時代に遡るのだが、この動乱により何十万人ものハンガリー人が難民として西ヨーロッパ各地に逃れた。その中には多くの音楽家も含まれていたが、彼らもみな生活には困窮していた。以前から西ヨーロッパで活躍していた同じくハンガリー人の指揮者アンタル・ドラティは、彼らを窮状から救おうと各地に逃れた音楽家に呼びかけて、「フィルハーモニア・フンガリカ」と名付けたオーケストラを結成して活動。その後1960年代の後半には、動乱以後も、依然として困窮にあえいでいる母国のために『ハイドン：交響曲全集』のレコード制作を企画。その利益を母国復興に役立てようというものだった。

ようやくデッカ盤のレコード発売にこぎ着けたのは1973～74年ごろ。ぼくが買いはじめたのは1976年あたりからだったと思うが、LP各5枚、計9巻によりトータル100曲以上になる全集は、その後2年ほどで完結した。

同じ頃にテレフンケンのダス・アルテ・ヴェルク盤から、ニコラウス・アーノンクールとグスタフ・レオンハルトの両指揮者がそれぞれ手勢のアンサンブルを振り、バッハの教会カンタータを交互に収録して、LP各2枚、全45巻からなる全集にまとめるとの企画が生まれた。指揮者を二人たてたのは、それ以前の全集企画がすべて、指揮者がお亡くなりになり完結に至らなかったからとのことだ。二人でなら、どちらかは生き残るだろうとのクールな発想である。

7～8年で完結とのことだったので、これもぼくは早速注文した。しかし制作は遅々としてはかどらず、結果として3倍近い20年ほどもかかったが、ともかくも完結した。幸いにしてお二人の指揮者は共にご健在だったが、この間にレコード会社はテレフンケンからテルデックに替わり、レコードもデジタル録音によるダイレクト・メタルマスター盤になった。もちろん、すでにCD時代の真っ只中だったのは言うまでもない。

それに、注文したときにチラリと頭を横切ったのだが、もしかすると、これが全巻そろった時点でも聴かずに未封切りのままの巻が手元にあったりするのではと。その予感はまさに的中で、白状すると全巻完結から30年前後も経った現在でも、数巻の未封切り盤がそのままレコード棚に納まっている。バッハ研究家でもない限りカンタータを全曲聴く人など、あまり居ないのですよ。

マルチアンプの天国と地獄

はじめはオーディオのことをほとんど何も知らなかったぼくだが、新宿のデザイン事務所時代にオームさん（瀬川冬樹）から手ほどきを受けて以来、すでに12～3年ほどが経過。しかもその間の多くを、オーディオ知識を得るにはまさに申し分なしと言えるステレオサウンド社に入り浸っていたのだから、回路図は読めないまでも、システムのさまざまな使いこなしの基本程度は身に付けていた。

したがって、単に送り出し機器とアンプと、それにスピーカーをつなぐだけのシンプルなシステムに比べれば、はるかに複雑と言えるマルチアンプ方式に対しても、ひととおりの知識は身に付けているつもりだった。

もっとも、どこまでが「ひととおり」なのかが問題で、その時点でのぼくにとっての「ひととおり」とは、3ウェイ・マルチアンプの結線が間違いなくできて、チャンデバの設定も、例えば、うっかりトゥイーターを飛ばしてしまうようなことなく基本的なことは一応できる、という程度のことだった。でも、これでともかくも音は出せる。

細かいことまではもう正確に覚えてはいないのだが、クロスオーバー周波数は、低／中域間が500Hz。中／高域間は5～6kHzあたり。遮断特性（スロープ特性）はいずれも、㊀12dB／octといったあたりの設定ではじめたような気がする。

もちろんこれらの数値はたちまちの内に、いろいろと変ることになる。また何よりも問題なのは帯域ごとのレベル合せなのだが、それを当時のチャンネルデバイダーは、単に目盛りがふってあるだけの小さなつまみで操作するわけだ。そのため数値的な正確さは期待できないし、とくに一旦レベルを変えてしまうと、元に戻そうと思っても復元性が信頼しきれない。

クロスオーバー周波数や遮断特性などが、どの程度まで細かく設定できたかも正確に覚えていないが、いろいろといじり回した結果、クロスオーバー周波数は低／中域間が600Hz。中／高域間が8kHz。遮断特性も㊀12dB／octから㊀18dB／octにしてみるなど、あれこれと試行錯誤を重ねた。

いや、こう言うと何となく格好いいが、現実には試行錯誤と呼べるレベルではなく、ただあれこれといじり回し、結局どうやっても巧く鳴らないと悔しがっていたのが実状だ。しかし、ちょっと何かをいじっては聴き、またいじっては聴きを毎日のように繰り返しているうちに、音のよし悪しは別として、そうした微小な音の変化に対する耳の反応が次第に敏感になるとともに、音に対する記憶力も次第に高まっていったのはたしかのようだ。何しろぼくも、まだ40歳代に入って間もない若さだったのだから。

そうなるとますます面白くなってくる。考えてみれば少し前までは単に機器を入れ替えるだけで、その結果の音の変化をすべて一歩前進とヌカ喜びしていた。それに対しマルチアンプ方式での試行錯誤は、自分の耳と感性で得た音の方向や在り方を目標として、いろいろ操作するのだから、これは工業製品をデザインすることと同じように、自分の感性にもとづくクリエイティヴな行為なのだ。しかもその結果が完全に自分一人のものになるのだから、面白くないはずはない。これをオーディオマニアにとっての天国と言わずして、どこに天国があるのか、と言った感じだ。

でも、だからと言って、ぼくのシステムがたちまち素晴らしい音になったわけではない。シングルアンプによる一般的なシステムに比べ、マルチアンプ方式はたしかにより多くの可能性を秘めているが、また同時により多くの問題も待ち構えている。それは例えば3ウェイならば、各帯域用3機種のスピーカーユニット選択からはじまることになる。だがぼくの場合は、ウーファーはアルテック416A。スコーカーも同じくアルテック804Aドライバー＋511Bホーン。トゥイーターはパイオニアPT-R7が前提で、この組合せを巧く鳴らすためのマルチアンプ方式だったわけだから、スピーカーユニット選びにまで戻るつもりはまったくなかった。悪いはずはないと信じていたとも言える。

ただしトゥイーターだけは、他にもっといい機種があるかもしれないとの気持ちはあった。アルテックのユニットはウーファーもミッドレンジも共に「名機」と称されていたが、パイオニアのトゥイーターPT-R7には、名機の称号などなかったからだったのだろう。

そんなことからトゥイーターに関しては、その頃登場したテクニクスのリボン型に似たリーフ型と称する、「EAS10TH1000」というモデルにちょっとだけ浮気をしたことがある。ただしこれは、トゥイーターとしては高性能だったようだが、アルテックとの質感のつながりがよくなかったのか、あまりにも存在感がなくて物足りず、結局PT-R7に戻してしまった。

それより、次第に気になりはじめたのはパワーアンプだ。それも低域用に使っていたマランツのモデル9が思うように鳴ってくれないことが気になりはじめた。ウーファーの

416Aの音を、やや鈍重で硬質な印象にしているように思えてきたのだ。音の厚みは必要だが、もっと弾力性に富んだ鳴り方がぼくの望むイメージなのである。

試しにと、中域用に使っているマッキントッシュMC2105とマランツ9を入れ替えてみた。でも、MC2105とアルテック416Aとの相性があまりよくないのか、音が弾力性に欠け、厚くて重くなるような気がする。しかもマランツ9で鳴らした中域もあまり好ましい印象ではなく、妙に角張った鋭い音の印象になる。やはり噂通りマランツのモデル9は、少し癖っぽい音を持っているのかもしれない。はじめからモデル8Bのほうを選ぶべきだったかと思ったが、もはや後の祭りである。

実は、マルチアンプ方式の難しさの一つはパワーアンプ選びにあると言える。例えば今回の場合、ともかく低音の質感が好ましいアンプを選びたいわけだ。だが、どんなスピーカーを鳴らしてみたとしても、普通にフルレンジを鳴らしている音から、低音だけの質感を正確に把握するのは容易ではない。それもことに、特定のウーファーを対象にしてとなるとなおさらのことだ。

ときにフルレンジの再生を聴いて「低音がいいね」などと言うこともあるが、そこでの印象がマルチアンプ方式でのウーファーの鳴り方と一致することはめったにない。それがわかるようになるには相当な鍛練を要することになる。と言って仮にウーファーだけを鳴らしてみたとしても、低音だけを聴いて低音のよし悪しなどわかるはずがない。これは低音用に限らずどの帯域用アンプにも言えることなのだが、とくに低音域用はむずかしい。

ＭＬ２Ｌの事件

そんなとき、とんでもないことが起きてしまった。いや、本当は素晴らしいことと言うべきなのだが、でも簡単にそうは言い切れない。と言うのも前章で、マークレビンソンのプリアンプ「ＬＮＰ２」（Ｌ型になる前のオリジナル機）を聴き、その音の素晴らしさに驚嘆したが、価格１００万円（当初の話では90万円だったが、発売時には１００万円になっていた）には、さすがに手が出せなかったとの話をした。

手が出せなかったのはたしかにその通りなのだが、プリアンプに関してはマッキントッシュのＣ２６を持っていたし、その後マランツ７のユーズド品を入手するなどで、一応、不満のない状態だった。目下の問題は低音用のパワーアンプなのだ。

ところがその暫く後になって、マークレビンソン初のパワーアンプ「ＭＬ２Ｌ」がデビューした。しかもそれを聴いてしまったのだ。猛烈に発熱するピュアＡクラス25Ｗ（８Ω負荷時）

のモノーラル機で、値段は1台80万円。ステレオペアでは実に160万円にもなる。度々ひきあいに出すが当時の大卒男子の初任給は、かなり上昇したとは言っても約10万円程度だったし、円は変動相場制になっていたが、1ドル＝220〜230円付近を上下していた頃だ。

もちろんML2Lは我が家で聴いたわけではない。例によってステレオサウンド社の試聴室でだ。スピーカーの記憶ははっきりしないのだが、多分、これも登場したばかりのJBL「4343」だったような気がする。そしてその第一音で、ぼくは完全にノックアウトされてしまったのだ。ぼくのオーディオはスタートからまだ12〜13年とはいうものの、環境に恵まれたことなどから、かなり多くの製品を聴きまくってきた。

でも、はじめのうちは、どんな製品を聴いてもその魅力の本質を見抜くことなどできなかったが(自分ではできているつもりだった)、その頃になって流石に、わずかずつのオーディオ的な成長が現実のものになってきたのだろう。それは確信と言えるほどのものではなかったが、心の中にでき上がりつつある共鳴板のようなものが、ブルルン！　と震えるのを感じるのだ。

これなら絶対に我が家の低音用に最適と思った。だが簡単に買える値段ではない。

しかし、ぼくはラッキーだった。自分では失敗した買い物と思っていたマランツのモデル

9なのだが、ぼくがそれを選んだときと同じように、管球アンプながら70Wもの出力を発揮する堂々たるモノーラル機であることや、バイアス調整メーターを付けた魅力的なフロントパネルなどに惹かれる人は、日本では、むしろ以前より増加していたらしい。何しろ新品を日本で買った人はほとんど居ない幻の名機だったのだから。結果として日本での中古市場価格は、ぼくが買った2年ほど前よりかなりアップしていて、ML2L購入の下取り品として、必要額のかなりをカバーしてくれたのである。

ML2Lはピュア Aクラス25Wとは言うものの、これは8Ω負荷時の値で、我が家のウーファーは16Ωなのだ。したがってパワーは12・5Wになってしまう。そのことははじめから承知だったが、ウーファーの416Aは能率が100dB以上もある高効率スピーカーだから、パワーはこれで十分と踏んでいた。実際に鳴らしてみるとその予想通りで、低音のパワー感に不足などまったくないばかりか、暖かく、かつ軽やかな弾力性を備えたその鳴りっぷりのよさは、ぼくの期待をはるかに超えるものだった。

だがこのアンプはその後、思わぬ事態を引き起こすことになった。

先程ML2Lのことを、猛烈に発熱するピュアAクラス機と申し上げたが、本当にこの発熱は並みではない。なにしろ8Ω負荷時の出力値がわずか25Wであるにもかかわらず、1台の消費電力は実に400Wにも達するのだ。スイッチを入れて暫くすれば、たちまちのうちにヒートシンクに手が触れられないほどの熱さになる。2台並べると、まるで800Wの電気ストーブを使っているかのようだ。

はじめの頃は実際にこれを2台並べて使っていたが、次第に2台並べて使うことが困難になり、輸入元からマークレビンソンに直接問い合せてもらった。「この2台をラックに入れ、重ねて使うことは可能か？」「もし可能なら、ラックの具体的な構造や、各部のサイズなどを教えて欲しい」と。

しばらくすると寸法の入ったスケッチ付きの返事がきた。それは側板だけで前後は開けっ放しの縦長の箱であり、その真ん中を棚板で仕切り2段ラックにしたものだ。サイズはかなり大きく正面から見た左右幅は60cm。奥行きは50cm。1段の高さは35cm。しかも各段の側板には最下部と最上部とに、3cm径の通風孔を5個並べて開けることとある。また、これを部屋に設置する場合はどの壁面からも10cm以上は離すこと、との指示もあった。ML2Lの高さは20cm以上あるが、それでもその上に12cmほどの空間ができる。

そして「この通りに使ってくれれば、2段重ねでも絶対に問題は生じない」とあった。

ぼくは早速その通りのラックを木工店でつくってもらうことにしたのだが、縦長ラックとしては高さが中途半端なので、その上にさらに2段分の棚を加え、最上段にだけは木製の扉を取り付けて中が見えないようにした。ここに扉を付けた理由は後で話すが、ともかくこれで、綺麗なチーク材のツキ板で仕上げられた、高さ約１５０㎝ほどのタワー状ラックが完成した。

ところが、使いはじめて１ヵ月足らずの、ある日のことだ。原稿を書いている間にアンプを温めておこうとスイッチを入れ、数時間した頃、家の何処かで妙な匂いがする。間違いなく何かが焦げている匂いだ。まさかと思いながらリビングルームに入ってみると、もう天井付近には薄い煙が漂っていて、その発生源は疑う余地もなくＭＬ２Ｌなのだ。

駆け寄ってみると、２段重ねの下段のアンプは発熱しているだけで別状はない。だが上段のアンプは天板の放熱孔からかすかに煙が出ているし、触ってみるとチリチリの熱さ。もちろん直ちに電源を引き抜いたが、すでに如何ともし難いのは明らかだ。

早速、２台とも輸入元で点検してもらったが、下段の１台は別状なしとのこと。だが上段のほうは完全に基板が焦げてしまい、基板交換のうえ総点検を要するとのことだ。もちろん間もなくすべて元通りになって戻ってきたが、しかし、あれには参った。

でもこれにより、発熱の大きいアンプは例えどんな方法を採ったとしても、けっして２段重ねなどしてはいけないとの厳しい教訓を得た。天国を夢見て取り組みはじめたマルチアンプ方式だったが、天国より先に地獄が顔を見せたかとさえ思った。

しかしＭＬ２Ｌが残してくれたのは、この地獄のような教訓だけではなかった。マークレビンソンのオリジナル型プリアンプＬＮＰ２は、前記したように１９７２年にはアメリカで発表されて話題を呼び、その後、日本にも姿を見せてデリカシーに富んだ新鮮な魅力に溜息をつかされた。でも多くの人は溜息のみに終ったのだが、ぼくの場合は低音用としてパワーアンプをすでに買い、その音に痺れ切っていた。プリアンプのマランツ７も気に入って使っていたのだが、しかしいつの間にか少しずつ、これを同じマークレビンソンのプリにすれば、きっとさらに……、との思いが頭をもたげはじめた。しかも、それによってぼくのマルチアンプによるシステムは、ついに完成を迎えることができるのではなかろうか、と。

しかもその頃ＬＮＰ２は、接続端子を、すでにＭＬ２Ｌでも採用していた、医療用機器などに使われている小型で精密なＬＥＭＯ端子にチェンジした。したがってＬＮＰ２ではなく「ＬＮＰ２Ｌ」となったのだ。

たしかそのとき、マッキントッシュのプリアンプＣ２６と、ＦＭチューナーＭＲ７７を下取り品として手放したのだと思う。そしてついにマークレビンソンＬＮＰ２Ｌを手に入れたのだ。それはまさに天にも昇るかのごとき喜びだった。

再びトーンアームをデザイン

ある日、デザイナーはもう諦めていたぼくに、前記したFR（フィデリティ・リサーチ）の池田さんから「もう一本、アームをデザインしてくれませんか」との話があった。ダイナミックバランス型アーム用のスプリング材として、大変にすぐれた金属を入手したので造ってみたところ、アームとしての性能はひじょうにいいのだけどスタイルがまるで様にならない。だからコスメティックデザインだけでいいから、とのことだった。

しかしコスメティックだけとは言っても、もうデザイナーを諦めたぼくは、荻窪への転居を機会に、製図台をはじめとするすべてを放棄してしまったので、「残念ながら不可能なのです」と答えるしかなかった。すると池田さんは、「でしたら、うちの会社の製図台と部屋を提供するから、何日かうちの会社に通勤してくださいよ」と言う。結果として「毎日は無理だけど、でも、それもいいね」とのことになった。

試作品を見せてもらうと、たしかに一応はアームとして使えるものになっていて、池田さんの言う通りスプリングは相当に精度が高そう。基本はでき上がっていて、この状態でかなりの性能が確保できそうなのだから、基本構造にはあまり手をつけず、造り易くて音がよく、この性能にふさわしい美しさに仕上げよう、ということで話がまとまった。

　このアームに対するぼくの考え方も、やはり以前と変らずで、軽質量思想などまったくなく、むしろ、いかにして重量級機に仕上げるかだった。そこで思い付いたのが、材質にステンレス鋼を使うことだ。アルミ製のアームは世の中に溢れていたが、オールステンレス製のアームはぼくも知らなかった。

　下請けの加工会社に訊ねてみると、製作は楽ではないが不可能ではないとの返事。しかも表面仕上げはバフで磨きあげるだけだから、その面では有利だと言う。それなら問題ないではないか。

　やがてデザインも上がり、「FR64S」と名付けられて登場したアームは、構造も含めて、ぼくには非の打ち所のないものと思えた。当時のダイナミックバランス型アームは針圧精度などがあまり当てにならず、必ず針圧計でたしかめる必要があった。それに対しこのアームは、ゼロバランスさえ正確にとられていれば、ダイアル目盛りの数字を信頼して、そのまま使うことができた。

　それに何よりも、ぼくが念じていた通りにズシリと重くて太いシャフトが、プレーヤーボードとガッチリ一体化してくれるのがいい。ただ一つだけ気になったのは、回転系の支持が片持ちだったことだ。でも実用上、それが問題になることはなかった。

１本だけ頂戴したＦＲ６４Ｓは、以来ずっと我が家のメインアームとして活躍してきた。同時にプレーヤーシステムも、たしか１９７９～80年ごろだったと思うが、当時のマイクロ精機から登場した、その頃としてはまるで金属の固まりとも言いたくなるようなモーター部とプレーヤー部からなる、「ＲＸ５０００＋ＲＹ５５００」が登場。

それまでのぼくのプレーヤーは、ずっと使ってきたパイオニアのＭＵ４１のほか、スタイルに拘って離せなかったガラード３０１とトーレンスＴＤ１２４だった。そんなとき、前記のマイクロ機を我が家に持ち込み、自慢のＦＲ６４Ｓで鳴らしてみたら、もう2度とガラードにもトーレンスにも、そしてもちろんパイオニアにも、戻る気などまったくなくなってしまった。

プレーヤーとトーンアームの持つ意味は、頭の中ではそれなりに分かっているつもりだったのだが、考えてみれば、そんなことが頭の中で分かるはずなどないのだ。いや、オーディオとはすべて、ましてやアナログではさらに、体験なくしてその世界を知ることなどあり得ないのである。

そうそう、先程あとで話すと言ったラック最上段の扉付きスペースの件だが、実はその数ヵ月ほど前から、ぼくは人に見られないようにと気遣いながら、ある一つの機器を試していた。それはビクターがリードするかたちで少しずつ知られはじめ、俗に「グライコ」とよばれる多素子イコライザーなのだ。

当初のはまだ、「グラフィックイコライザー」と呼ばれるようなレバー式ではなく、小さなツマミが並んだビクターのＳＥＡ２００だったかを、ステレオサウンド社から持ち出して自宅で試してみた。たしかに帯域コントロール機能に関しては、一般的なトーンコントロールよりはるかに有効だ。しかしそうした初期のものはどれも、まずＳ／Ｎが悪いし歪みも多かったのだろう。音質に関しては明らかな低下をともなうものだった。したがって本格派を標榜する熱心なオーディオマニアからは、軽蔑の対象になっていたとさえ言える製品だったのだ。

ぼくもそれは承知していた。しかし帯域コントロールに関しては、並みのトーンコントロールとは比較にならぬ機能を持っている。またマルチアンプ用のチャンデバでのコントロールでは、こういう使い方はとても不可能だ。すなわち、これでなくてはできない帯域コントロールを可能にしてくれる。しかもぼくにとって心地よい再生とは、もちろんハイクォリティは重要なのだがそればかりではなく、同時に、全帯域にわたる魅力的な帯域バランスが欠かせないことを、その頃少しずつ気付きはじめていた。

だがまだ、オーディオライターとしても下っ端だったぼくは、そのことを読者や先輩の筆者達に知られたくなかった。でもステレオサウンド社からこっそり持ち出して、数日間ためしてみたりはしていた。そしてある日、これはマルチアンプと合わせて、システムの中で本格的に使ってみるべきと決めた。

最初に我が家に登場したグライコは、ビクターの「SEA-V7」だったと思う。これを目立たぬように隠して使っていたのだが、頻繁に操作するにはある程度高い位置のほうがいい。

そこで前記のラック最上段に取り付けた、あの扉の話につながるのである。あのラックを造ることになったとき、最上段には扉を取り付けて、そこをグライコの隠し場所にしようと思い付いたのだ。それ以来この扉の中には次々といろいろなグライコが入り込み、そしてそれぞれに活躍し、ぼくのオーディオのサウンドづくりに貢献してくれたのだった。

第七章 1980〜1981

またも引越し。時はすでにCD時代が迫っていた

専用のリスニングルームが欲しい

ぼくにとってオーディオへの、のめり込みは、次第にマルチアンプへの、のめり込みになりつつあった。一体型スピーカーによる比較的シンプルなシステムに比べると、マルチアンプ方式はシステムの構成要素が多岐にわたるだけに、のめり込みの余地が存分にあるからとも言える。しかもそのオーディオはぼくにとっての、単に趣味であるのみではなく、すでに、完全に仕事と重なり合うものにもなっていた。

原稿を書くためには、例え狭くともそのための部屋が必要であるように、やはりオーディオにはオーディオ専用のリスニングルームが必要なはずだ。ましてやそれが多数の機器を要するマルチアンプにチャレンジとなれば、なおさらのことだ。そして、そここそが、ぼくにとって本当の仕事部屋なのだ。それをリビングルームの一隅で済ませていたのでは、どうしても限界があるということにやっと気が付いた、と言うべきか。あるいは仕事に託けて遊び部屋の確保をくわだてたと言うべきか……。

それがどちらであったにしても、現実には家を新築するなどはまったく無理な話だ。と言って借家では改造してリスニングルームを造るわけにはいかないから、手頃な中古家屋を見つける以外にない。

ただし、当時はまだFAX時代でもないし、もちろんコンピューター時代でもなく、原稿はすべて手書き。その原稿を編集部の係の人が（多くが女性社員だった）、一軒ずつ筆者の家へ受け取りに行くのだ。そのためステレオサウンド社からは、「家探しはぜひとも都内（23区内）を条件にして欲しい」と、半ば命令されていた。

家族はぼくと女房と子供二人。その家族のための部屋と、それに最低でも12畳程度は欲しいリスニングルーム用のスペース。当時、あまり広くない手頃サイズの中古住宅は、大半が畳を敷いた6畳間が基本的なサイズで、ときには8畳間があるといった程度だった。そうなると、どうしても部屋を2つぶち抜いての改造が必要になる。それに耐えうるような家が、乏しい予算内で果たして見つかるだろうか。

1ヵ月ほどかけた家探しの結果として、1軒の中古家屋が候補として残った。場所は練馬区のはずれで、もう2～3㎞も行けば23区内ではなく、当時は「都下」と呼ばれた北多摩郡に入る。そうなると都内ではなくなってしまうのだが、でもここなら都内なのだから、ともかくもセーフだ。

もちろん広い庭があって……、なんてわけにはいかない。両隣の家とも裏のお宅とも、人が一人通れる程度の空間をとってブロック塀で仕切られている。その狭い土地に建っている、単なる長方形のとでも言おうか、いかにも洒落っ気のないモルタル壁の二階家がそれである。

でも不動産屋さんの話によると洒落っ気がないのにはわけがあり、この家は住宅専用に建てたものではないとのこと。建て主は既製服の縫製業者で、1階は住まい用だが2階は20人ぐらいが働ける縫製作業場だった。その作業場を最大に確保するため、家の形は単純な長方形になったとのこと。

さらに、使っている木材はすべて建て主の実家がある山形県から、親戚の大工さんがトラックで運んできた極上の檜材。大工さんはそのトラックで寝泊まりしながら、一人でこの家を建てたのだと言う。

「へえー」と感心しながら家の中を見せてもらうと、たしかに柱などは素人目にも、なるほどと思えるような質感のよさ。「柱はこの太さで、しかもすべて節なしですからね」と、不動産屋さんはぼくに購入の決定を迫る。しかも「築7年目に入ったばかりなんですが、この1階には結局のところ引越して来なくて、住まいには使っていないんです。だからすべて新築当時のまま。私が何日か前に掃除をしたんですが、ほら、ピカピカでしょう」と追い打ちをかける。

「なるほどね」と言いながら2階に上がってみると、そこは、すでに作業台などが撤去された広さ20畳ほどのガランとした空間。フローリング仕上げの床は、20人もの人達と作業台と、その上に並んだ工業用ミシンなどの重量に耐える必要からだろう、かなり堅牢な造りで、2階でもこれならリスニングルームとしても問題はなさそうだ。それに屋根裏を見ると、梁は木材ではなく鉄骨製が使われている。レコード類をはじめアンプやスピーカー等々の重量を考えると、これも心強い。のちに知り合った近くの鉄工所の人の話によれば、この梁はその鉄工所が大工さんに頼まれて造ったのだそうだ。

　その作業場の一隅には、休憩室にでも使ったのか畳を敷いた3畳間ほどの小部屋がある。また逆の一隅にはトイレと、小さなシンク付きの水場が設けられている。

　ただし残念ながら、このスペースすべてをそっくりリスニングルームに使うことはできない。20畳を、12畳分と8畳分に分けて壁で仕切り、リスニングルームには12畳。残りの8畳分は寝室に使うことになりそうだ、などと頭の中で使い方を想い描いた。それにこれなら部屋を2つぶち抜いて使うより、建物の強度も増してより有利になるに違いないなどと。

　2つに分けた8畳分のほうに隣接する3畳間の休憩室は、ちょうど受験生の勉強部屋といった感じだから、そこはぼくの原稿書きに最適だ。隣に寝室付きだから、原稿書きに疲れたらいつでもゴロンと横になれる。いっぽうリスニングルーム用の12畳のほうには、前記したトイレと水場が残されることになる。そしてこれもいい。たとえ女房と一戦交えることになったとしても、トイレと水さえあれば一週間ぐらいは籠城できるではないか。

そんな計画が頭の中に出来上がったことで、ついに、この洒落っ気のない建物が新しい我が家となった。

改めて手を加えたのはリスニングルーム造りだけ。それもとくにオーディオ的な配慮をする知識も予算もなかったので、むしろ何もしないことに決めた。ただしご近所のお宅とは近接しているので音があまり漏れないよう、リスニングルーム部分の壁と窓だけは、そっくり二重壁と二重窓にして遮音を図った。

しかし床は強度的な問題がなかったこともあり、厚手のカーペットを敷くだけにしたので、階下の各部屋にはかなり音が漏れるはず。でも「仕事のためなのだから、家族は我慢せよ」と、命令調でお願いした。

引越しは1980年の春だった。移動の距離はわずか数㎞だが、せっせと買い込んだレコードもかなりの枚数になっていたし、アンプやスピーカーやプレーヤーなど、引越し業者に任せたくない荷物なども多い。そこでリスニングルーム関係の荷物だけは、ステレオサウンド編集部が総出で運び込むことになった。「都内にせよ！　との命令に従ったのだから当然だよ」などと冗談を言い合いながらの賑やかな引越しだった。

新リスニングルームの完成

リスニングルームに使う2階の床には強度的な問題がなかったので……、と前記したが、とは言ってもスピーカーやプレーヤーシステムなどを、フローリングの上にカーペットを敷いただけで直に置くのでは、後になって音の上で何か問題が生じないとも限らない。そこで床と振動を遮断したいこれらの機器は、カーペットの上に厚手のコンクリート板を敷き、その上に設置することにした。

現在とはちがって、ホームセンターのような便利な大型店はない時代なので、土管などを扱う建材店をめぐり、幅60cm／奥行き45cm／厚さ6cm。重量はたしかめなかったが、たぶん1枚30kgぐらいと思えるコンクリート板を、計6枚ほど購入して2階の部屋に運び込んだ。これらの作業はすべてぼく一人でやったのだが、その頃のぼくにとっては別に何の苦にもならなかった。

オーディオに関してぼくがよく口にする言葉の一つに、「キタナオーディオからは、きれいな音は出ない」というのがある。「キタナ」とは汚いとの意味で、各機器自体はもちろん、仮にきれいな音を得ようとした結果であったとしても、例えば太いケーブルが部屋の中を這い回っていたり、壁面に吸音材などがベタベタと貼り付けてあったり。あるいは汚れたコンクリートブロックなどがそのまま使われていたりするのでは、きれいな音など出てくれる筈がない、との意味なのだ。

でもだからと言って、部屋の隅々までピカピカでなくては駄目と言うのではない。部屋に持ち込んだ6枚のコンクリート板にしても、本来の用途はたぶんU字溝の蓋か何かだろうから、きれいな音のイメージではない。と言うわけで6枚のコンクリート板には、それぞれ見える部分にだけビニールレザーを貼り、スピーカー用は間に鉛板を挟んだ2枚重ね。プレーヤー用は2枚を横に並べた。

プレーヤーはその上にラックを置き、そこにシステムをセットするだけだが、スピーカーのほうはそう簡単ではない。

まず、これまでは縦置きで使っていたウーファー用のエンクロージュア620Aを、横置きにしたかった。これまでのような縦置きだと、その上に乗せた中域用ホーンの位置がやや高めになり、気にはしていたので、この機会にというわけだ。

まずエンクロージュアを横倒しにして、2枚重ねしたコンクリート板の上に乗せ、その間にスパイクを4個入れて安定させるのだが、これを一人でやるのは容易ではない。

だが、アイデアが浮かんだ。コンクリート板の上に寝かせたエンクロージュアの、コンクリート板からはみ出した部分に乗用車用のジャッキを入れて少し持ち上げる。その位置を何かで支え、今度はエンクロージュアの逆の部分にジャッキを入れて持ち上げる。こうしてできたエンクロージュアとコンクリート板の間に4個のスパイクを差し込み、あとはジャッキを緩めてエンクロージュアを降ろせばＯＫだ。車のタイヤがチューブレスになって以来、使ったことのなかったジャッキがひさびさに役立ってくれた。

あとは横倒しにしたエンクロージュアのウーファーの位置に合わせて、インラインになるよう中域ホーンを乗せ、さらにその上にトゥイーターを置けばでき上がりだ。

実はずっと後になってひどい目に合うことになるのだが、このときはまだホーンもトゥイーターも、ただエンクロージュアの上に乗せてあるだけで固定は一切しなかった。何となくユニット間のタイムアラインメントが気になったときなど、これらのユニットを少しずつ前後に動かして調整できるようにだ。その頃のタイムアラインメント調整は、こうする以外に方法がなかったのだ。

このひどい目に合った話はもっと後でするとして、目下は、やっと手に入れたリスニングルームでのセッティング作業だ。

12畳(部屋の3面を二重壁にしたため少し狭くなったが)のリスニングルームは、約３５０㎝×５３０㎝程度の長方形で、ぼくはこれを、スピーカー位置に対して縦長で使うことにした。縦長と横長のどちらで使うべきかは、かなり迷ったのだが、結局はスペースファクターの面から縦長を選んだ。

したがってエンクロージュアを横倒しにした前記のスピーカーは、幅が約350cmの、部屋の短辺にセットされることになる。そしてこの左右2台のスピーカーの真ん中にレコードラックを挟むと、部屋の右側の角とスピーカーとの間に60cm強のスペースが残る。ということは、ここに前章でお話ししたML2L用の縦長ラックを置けば、この壁面はぴったりと納まることになる。

ただし、もうこのラックにML2Lを入れたりはしない。もっと発熱の少ないアンプ用だ。でも最上段の例の蓋付きの部分には、これまで通り、人には見られたくない「隠しグライコ」が納まることにはなる。

部屋の残りの3面は、左側が2段重ねのレコードラックでほぼ埋まる。反対の右側はプリアンプをはじめとする諸々の機器用ラックと、あとはレコードプレーヤー。そして残った背後の壁面には、天井までほぼぎっしりの、各種パーツや小物入れ用の収納戸棚。結局のところ部屋の4面は殆どすべて何かで埋まってしまい、床面積はさらに小さくなった。

それに各壁面中央の床近くには、階下の配電盤からケーブルをダイレクトに引いた壁面プラグを、各4個口ずつ配したのだが、使用機器の電源コードをそこに直接さし込むことができるのは、結果として2ヵ所だけ。それ以外はレコード棚やスピーカーなどに塞がれてしまった。実に間抜けな話だがはじめてのことだから仕方がない。そのときは「次の機会には、必ずこうした失敗体験が活かせる」と思ったのだが……。

耳より先に体力勝負

結局のところ最後まで定位置の確保ができなかったのは、低音用2台のパワーアンプML2Lだ。発熱のためラックに入れられないとなると、残っているスペースはスピーカーの前の床だけだが、でもスピーカーの前の床には置きたくない。

いや、もう1ヵ所、横置きにしたエンクロージュアの上に乗せた中域ホーンの隣に、ちょうどこのアンプが置けそうなスペースがある。ホーンとアンプを並べて置くわけだ。

しかしスピーカーの上にアンプを乗せるのは厳禁と、以前から言われていた。エンクロージュアの振動がアンプに伝わるからだ。でも、それを自分で体験したことはない。そこで本当に駄目なのだろうかと疑いながら、自分の耳で試してみることにした。幸いにして、薄型だが極めて振動遮断性に優れたインシュレーターを手に入れたので、それをエンクロージュア上の4ヵ所に置き、そこにML2Lを乗せる。

待望のリスニングルームにおける、システムの基本的なセッティングは完了。あとは恐る恐るボリュウムを上げてみるだけだ。最初に掛けたのはテストレコードで、チャンネルや位相をたしかめ、接続に間違いのないことを確認したのは覚えているのだが、その次に何を掛けたのかは、どうしても思い出せない。もっと以前なら手持ちレコードの数も知れていたし、それだけに買ったときのことまですべて記憶に残っている。しかし荻窪のマンション以後は、ただ何となく買ってきた盤も少なくないから、もはや記憶にないのも無理のない話だ。

ぼくの音楽の好みも、その頃にはもうバロック曲やルネッサンス物が中心というわけではなかった。とくにクラシック曲はどんどん時代を駆け下り、古典派、ロマン派、そして新古典から近代音楽あたりまで幅広く聴くようになっていた。とくにクラシック曲ではフィリップス盤が贔屓で、歌ならソプラノのアーメリング。ヴァイオリンはシェリング。ピアノはアラウ。オーケストラはコンセルトヘボウ。指揮者はハイティンク、といった感じで新録盤を追いかけていた。

逆に、1950年代のアメリカに生まれ、その後、オーディオと二人三脚で世界を席巻した例のモダンジャズは、すでに衰退しつつあったことから、むしろ旧盤あさりが中心になった。かつてハングリー精神を糧として育ったモダンジャズも、プレーヤーが皆リッチになったことで、もはやハングリー精神など失せてしまったのだから仕方のないことだ。

その代わり、以前はあまり興味がなかったビッグバンドジャズやジャズヴォーカル。それにヴォーカルではほかに、シャンソンやポピュラー曲などにも耳を傾けるようになった。したがってクラシック曲は贔屓のフィリップス盤から、アーメリングやシェリングや、それにアラウのピアノなど。そしてジャズヴォーカルはローズマリー・クルーニー。ビッグバンドはベイシー。シャンソンはバルバラといった感じで、次々に掛けたのに違いないと思う。

それにもちろん、依然として思うように鳴ってくれないが故に、我が家のテストレコードの座を占めつづけている、例のベートーヴェンの弦楽四重奏曲「第4番」も鳴らした。

だがどの曲も、大きな欠点があるとまでは言えないが、でも、あまりいい鳴り方の感じではなく、要するにただ鳴っているだけとでも言おうか、さっぱりとして味気ない鳴り方なのだ。それでいて例のベートーヴェンだけは、逆にさっぱりしているのではなく、もはや、噛みついてくるほどではないが、でも、演奏を味わえるレベルではない。と言うことは、単にこれまでの音を持ち込んできて、そのまま少し味わいを希薄にしたと言っても、間違いではなさそうだ。

もちろん、こうして試し聴きをしながら、同時に、前記したパワーアンプのML2Lを、何度も何度も、エンクロージュアの上に乗せたり、また床に降ろしたりを繰り返す必要があった。そして結論としては、いくら聴き比べても、ぼくの耳には床の上とエンクロージュアの上との、音の違いが認識できないとの結論に達した。以来、ＭＬ２Ｌはこのエンクロージュアの上を定位置にしている。

ときに、ぼくの部屋の写真をご覧になった読者の方などに、「スピーカーの上にアンプを乗せているけれど、あれ、大丈夫なんですか?」と訊かれることもあるが、そんなとき今の話をすると納得していただける。ただし、あのアンプの重量は1台ほぼ30kg。モノーラルだからそれ2台を持ち上げたり降ろしたりだから、まだ40歳代に入って間もないぼくとは言っても、さすがにかなりの運動にはなった。だからぼくはいつもよく言う。「オーディオとは耳より先に、体力勝負なのだ」と。

目から得た知識は役に立たない

完成した待望のリスニングルームでの第一声が、大したことのない音だったのは、けっして予想に反していたわけでもない。はじめての部屋に機器を持ち込んで、ただ鳴らしてみただけだから、とくに酷い部屋の癖などが出ない限りまずは善しとすべきだろう。しかも、以前からどうしても巧く鳴ってくれない中域から高域にかけての印象が、新しい部屋でもほぼ似たイメージだったことから、やはりまず、そのあたりを積極的に攻めてゆくべきと方針を決めた。

もちろん引越し以前にも、これはいろいろと試みてはきた。その一つは中域ドライバーのダイアフラムで、例えばアルテックの同じ1・75インチ径のものでも、同軸型ユニットの604A用に入れ替えてみたり、あるいは806A用（ぼくのユニットはその前の804Aだがダイアフラムは共通）の新開発品などにも替えてみたりしたが、少し質感が変りはしても、本質的な音色やエネルギー感などを変えることはできなかった。

ダイアフラムを替えて効果がないのならばと、ホーンに手を加えてみたりもした。この511Bホーンは割合に肉の薄いアルミ鋳造製なので、ただ置いただけで叩いてみると、少しだが「カンカン」と響いたりする。そのため、置くだけではなくケースを造って、それにネジで固定してみたりもした。さらに全体のデッドニングも試してみた。

石膏でデザイン模型を造るときなどに、油土という一種の粘土で原型造りをするのだが、これが何にでもよく粘着して、しかも乾燥しない。色は青ねずみ色をしていて綺麗ではないため、ホーンの正面からは見えない部分にだけ丹念に塗り付けた。こうして叩いてみると、もう「カンカン」とは響かず「コツコツ」とダンピングの効いた音になる。

これでOKと音を出してみるのだが、でもわずかに効果があったような気がするといった程度で、本質的な解決にはならなかった。ではあっても、こうしたわずかな効果の積み重ねが重要なはずと、これらも含めて新しい部屋にセッティングした。

中高域に関しては他にもう一つ、中域の張り出し感が多少でも緩和されればとの期待から、トゥイーターのレベルを少し上げてみたことがある。その結果トゥイーターの音量は少しアップするが、ただし同時に音量だけでなくトゥイーターの音色も変化する。音量の差を感じる以前に、この音色の違いを感じると言っていいかもしれない。

どんなふうに変るのかと言うと、要するにリボン臭い音にだ。あるいは、振動板の物性を感じさせるような音、とも言える。たしかにリボントゥイーターは人によって好き嫌いが強く、嫌いな人が言うのは、多くがこの「リボン臭い」と言われる音のことだ。

でもぼくはこれまでPT-R7を使っていて、リボン臭さを感じたことはなかった。それを今回は感じたということは、リボン型はある程度以上に振幅が大きくなると、材質の音を感じさせ易くなる、ということではなかろうかと思った。

振幅を変えずに音圧レベルを上げるには、振動板面積を増やす以外にない。したがってこの場合、PT-R7を各2台ずつ使えばよいことになる。ただし2台となるとホーンの横に置くのは様にならないし、ホーンの上に乗せると、これまでのようにウーファーのエンクロージュアが縦置きでは、トゥイーター位置が高くなりすぎる。そんなことから、以前の部屋ではトゥイーターを1台で通してきたのだが、今度はエンクロージュアが横置きだから問題はなく、2台を重ねてインラインにセットすることが可能だ。

この結果は、ある程度の満足をもたらしてくれるものでもあった。どうしても気になっていた中高域の強調感が多少ではあるが抑えられ、しかもリボン臭さは感じられない。以前よりトゥイーターのレベルは少し上がっているのだが、でも極端にハイ上げしたわけではなく、ごくわずかだ。それでも中高域の雰囲気がかなり変ったのは、振動板の面積を倍増した効果にちがいない。

トゥイーターの振動板はどんなタイプでもごく小さいのが普通なので、それでいいと思ってきた。でもトゥイーターの振動板が小さいことの最大の理由は、小さく（軽く）しなくては超高域までの再生能力が得られないからで、音楽としての感触までは考慮されていないのではないだろうか。だがそれを考慮すると、振動板面積を拡大することが好ましい結果につながるのではないか、と考えた。

ということは、トゥイーターを2台にして多少なりとも効果があったのなら、さらに倍の4台にすればより効果的なはずだ。

例によってそう思ったら早速とりかかる。だが2台なら積み重ねてもあまり問題はないのだが、4台となると、そのまま重ねたのでは不安定すぎて無理。そのため左右に支えの板を置き、それに4台を取り付けるようにすれば安定性の問題は解決できる。

こうして組み上げた4台のPT-R7は、バッフルのような支え板も加わって、2台のときとはまったく違う強い存在感を主張しているようにさえ思える。

いずれにしても先ず、ほどほどにレベル調整をしてからと、フルレンジのピンクノイズを鳴らしてみた。するとその状態ではトゥイーターのレベルがかなり高く、高域だけが「シュー」と飛び出してくる。それは予想していたことなので、チャンネルデバイダーでレベルを少し下げようと、ソファーから腰をちょっと上げると、その「シュー」の音量が突然さらに大きくなる。それならと、逆に腰を低くして耳の位置を下げてゆくと、その音はたちまち消えてしまうかのように音量が下がる。腰を上げたり下げたりしながら、その「シュー」がもっとも大きく聴こえる範囲を探ってみると、中域ホーンの上の、およそ30~40㎝ぐらいの範囲で、それより上やそれより下になると極端に「シュー」の音量が下がる。

上下30~40㎝ということは、4台のトゥイーターを重ねたタワーより少し長いだけだ。したがってすなわち、トゥイーターの垂直方向の指向性が極めて鋭くなり、ほとんど上下には拡がらずに、そのまま音が直進してくるわけだ。

ぼくもこのことは知識としては知っていた。リボンのような縦長の振動板を上下につなげてゆくと、垂直方向の指向性が相当に強くなるので、スピーカーまでかなり離れている場合でなくては使えないと、以前に本で読んだことがある。それに対してこの部屋では、リスニング位置からトゥイーターまでが3・5mほどなのだから無理もない。オーディオというものは、目から得た知識はあまり役に立たないのだ。やはり耳で得た知識でなくてはと、そのとき心からそう思った。

それなら4個のトゥイーターを垂直に重ねるのではなく、適度に湾曲させて重ねればいいわけである。

さっそく左右の支え板をはずし、トゥイーターをネジ止めした部分を削ってわずかに湾曲させ、そこに改めてトゥイーターをネジ止めする。これで4つのリボンは垂直につながるのではなく、ほどほどに湾曲してつながった。でも「その角度は？」とか「角度の根拠は？」とかいった質問はしないで欲しい。ぐっと睨み付けて「こんな感じ！」と気合で決める以外、ぼくには手段がなかったのだから。でも、このときの「こんな感じ！」はほぼ正解だったようで、トゥイーターの垂直方向の指向性はほどよく拡がって問題は解決した。

こうしてシステムいじりをしながら、同時にチャンデバの設定を少し変えてみたり、各ユニットの位置をちょっとずつ動かしてみたり、あるいは例の隠しグライコの手を借りたりもしながらの毎日が、しばらくはつづくことになる。

その間にマイクロ精機から、ぼくが使っていたプレーヤー「ＳＸ５０００＋ＲＹ５５００」の上級にランクされる、新フラグシップ機「ＳＸ８０００」が登場して、ぼくの「５０００」との差を見せつけた。これは駆動モーター部はＲＹ５５００と共通だが、ターンテーブル部には別にエアーポンプユニットが付属し、重量級のプラッターをエアーでフローティングするものだ。このモデルは後に、ディスク吸着機構などを備えた８０００Ⅱに発展するのだが、そのときはまだディスク吸着機構はなかった。しかしＳＸ５０００との差は歴然で、これにしなくてはといった感じで飛びついた。

思い切ってリスニングルームを手に入れたのに、音は、悪くはならないものの、密かに期待していたレベルには容易に達しないことに、ぼくは少しずつ苛立ちを感じはじめていたようにも思う。プレーヤーだけではなく、その頃チャンデバをアキュフェーズのニューモデル「Ｆ１５」に替えたのも、そうしたことの表われの一つだった。だが、もう、そうした結果の音の変化を、以前のように単純に喜んだりはしなくなった。それより、この音の違いを巧く活かすことができるか。できるとすればどんな使い方をすべきか、などと考えるようになった。

CD発売の予告、オームさんとの別れ

それまでのようなアナログ録音によるのではなく、新しいデジタル録音によるLPレコードはすでに登場していた。だが翌1982年にはそのディスクまでデジタル信号化した、CD（コンパクトディスク）が登場することになった。オーディオ界はかつてのモノーラルからステレオへの世代交替につぐ、およそ四半世紀ぶりとなる大変革を前に、さまざまな期待や不安が交錯していた。

我々も同様で、ことにぼくの場合など前にも申し上げたように、カセットテープはもちろんオープンリールのテープも、それにFM放送も、取り敢えず鳴らすことができるといった程度の付き合いだったので、ステレオLPレコードが信頼できる唯一のプログラムソースだったわけだ。

CD開発を担当していたメーカーのエンジニア達の中には、「CD時代になると、これまでのLPレコードでのように、プレーヤーを替えると音が変るなんてことはなくなる。CDプレーヤーはどんな機種を使っても得られる信号は同質なんです。ですから皆さんのお仕事も、かなり少なくなりますよ」などと言う人も居られた。「本当なのかな?・」とは思ったが、ぼくはまだ、その音を聴いたこともない世界なので、何とも言いようも考えようもなかった。

メーカーからの情報によれば、ＣＤのディスクはヨーロッパと日本で１９８２年8月には生産を開始し、10月には発売。その10月には同時に、ＣＤプレーヤーも数社から発売されるとのことだった。

だがその１９８２年10月を、まだ1年近くも前にした81年の晩秋に、ぼくにとっても、また日本のオーディオ界にとっても、この上なく大切な人物と別れを告げねばならぬ事態になった。この「ぼくのオーディオ回想」の冒頭から、何度も話に登場してもらった、あのオームさん(瀬川冬樹)が、わずか46歳の若さにして他界されたのだ。

たしか１９７９年の末頃だったと思うが、オームさんは悪性の病魔にとりつかれた。入院して手術後、いったんは退院し仕事にも復帰したのだが、間もなく再び入院の事態に至り、そしてついに、独り、遠い世界に旅立たれてしまった。

ぼくは、心の中にポカンと大きな穴があいたような虚しさに襲われるとともに、オームさんとの様々な出来事が、言い古された言葉だが、まさに走馬灯のように次々と現われては消えていった。

オームさんのオーディオも、ぼくと同じく、(いや、正しくは、ぼくがオームさんと同じく)テープやＦＭ放送などにはあまり興味を示さず、もっぱらアナログレコード一筋だった。そ

れだけに、新しいＣＤを聴いてのオームさんの意見も楽しみにしていたのだが、無念にも
間に合わなかった。

閑話 3

カボチャの話

その日、編集部の若いA君とそのあたりで昼飯でも喰おうかということになり、近くのそば屋に入って天ざるを注文する。「ここのは海老だけでなく、野菜の天ぷらも付いてきて美味しいんですよ」とのA君の勧めに従ったわけだ。ほどなく運ばれてきた天ざるは、なるほど旨い。そばもなかなかいいし、天ぷらも中型の海老が（やたら大きくないのもいい）二尾に、人参、さつま芋、なす、三つ葉など、一口サイズの小さな精進揚げも付いてきて、これらも旨い。いや、精進揚げはこれにもう一品、薄切りのカボチャも付いている。ぼくがまだ半分も食べ終わらないうちに、もう、ほとんど食べ終えてしまったA君に「これ、よかったら食べてよ」とカボチャの天ぷらを指さす。「いいんですか。じゃ、いただきます」と言ったか言わぬかのうちに、小さなカボチャの天ぷらはA君の口の中に消えた。そしてモグモグッとほんの少し口を動かしながら、残りのそばと一緒に口の中の諸々をゴクンと胃袋に送り込み、「先生、カボチャお嫌いなのですか」と訊ねる。そして「自分はカボチャ大好きなんですよ。美味いですよ」と。

「うん、旨いのはぼくも知ってるんだ」と言うと、A君は「知っていても食べられないんですか？　自分は好き嫌いがないから分からないのですけど、好き嫌いって不味いから食べられないんじゃないんだ！」と、まるで新しい発見でもしたかのように子供っぽく驚いてみせる。「いやいや違う。カボチャが嫌いなわけじゃないんだよ。むしろ大好きなんだ」と答えるぼくに、彼は怪訝そうな顔つきで「大好きなのに食べないんですか～?」と言いながら、訊いてはいけないのかなといった表情で遠慮気味に、「お身体に悪いとか……?」と。ぼくはクスッと笑いながら「そうじゃないんだよ。わけがあって、カボチャは生涯食べないことに決めたんだよ」と言いながら、「なぜですか?」と訊ねられないうちにその理由を話しはじめた。

それが、いつのことだったか正確に覚えていないが、たぶん1967～68年か。季節は覚えている。夏の終わりである。残暑厳しく、といった感じの一日が終わった夕食どき、まだ誰も居ない食卓の前に陣取り、ぼくは独りでビールを飲みはじめた。デザイン学校を卒業した後、友達と組んでデザイン事務所をはじめたが、5年で一応の目標を達したと解散。そのあとの何年か、フリーの工業デザイナーを気取っていた頃のことだ。30歳を少し前にしたぼくは所沢の兄の家で独身の居候暮らしだった。

ぼくがビールを飲みはじめると台所から母が、「ちょっと待ちなさい。いま美味しいカボチャが煮えたから」と声をかける。やがて、小鉢に盛られたカボチャが湯気を立て旨そうな香りを振りまきながら登場する。北海道の何とかさんが送ってくれた名産のナタ割りカボチャなのだとか。

ほかほかのカボチャを箸に刺し、口を尖らせフーフーと息でさましてポイと口の中に放り込み、モゴモゴやりながら半ば飲み込んだところでビールをキューッと口に含み、それと一緒に一気に胃袋に流し込む。旨い。ほのかに甘く、そしてえも言われぬ芳しさ。カボチャを喰ってはビールを飲みビールを飲んではカボチャを喰う。旨い。実に旨い。

やがて心地よいかすかな酔いの気分も加わって、「カボチャって、こんなに旨いものなんだ」などと独り言をブツブツと。それにつづいて、想い出さなくてもいい戦時中の、忌まわしいカボチャのことなどまで想い出してしまった。当時、ぼくはまだ小学校の1〜2年生だったからかもしれないが、その記憶のカボチャは化け物のように巨大だった。

あの頃の子供達は常に腹を空かせていた。何しろ徹底して食い物がなかったのである。もちろん白米のご飯など夢のまた夢。ザクザクのさつま芋を混ぜた麦飯など上等の部類で、やがて芋も手に入らなくなり、手に入るのは芋のツルだけ。

でも、さすがにツルはどうにもならず、そのツルから枝のように伸びて葉っぱを付けている、茎の部分を丁寧に一つひとつもぎ取って塩漬けにする。数日漬けたものを取り出して今度は塩抜きをし、それを細かく刻んで麦飯に混ぜて炊きあげる。芋の代りの増量材なのである。それでも麦飯が炊けていた頃はいいとして、その麦飯も次第にメシの形はとどめられなくなり、ドロドロと言いたいところだがコメ粒が少ないのでドロドロではなくシャバシャバの麦粥になり、そこに増量材の芋の茎が漂っているといった状態。

大変なのは学校へ弁当を持って行く日だ。いくら芋の茎で増量したとはいっても、もともと水分のほうがはるかに多いシャバシャバの麦粥だから、普通の弁当箱に入れるのはとても無理。そこで「ドカベン」と称する深さが普通の倍ほどあるアルマイト製弁当箱の、底のほう三分の一ぐらいまで粥を入れ、蓋をしてしっかり風呂敷で包み、それを揺らさぬように腕を伸ばしてそっとぶら下げながら学校へ行く。まったく見られた図ではない。

化け物のような巨大なカボチャが登場したのはそんなときである。母は「今日はカボチャの配給がある」と、朝から機嫌がよかった。昼すぎ、母はニコニコしながら大きな風呂敷包みを背負って帰って来た。「見てごらん。こんなに大きなカボチャだよ」と、いかにも自慢げに風呂敷包みを開いて見せた。そこからは巨大なカボチャが顔を出した。ぼくも兄も、それに祖母も母も、みな一斉にごくりと生唾を飲み込んだはずだ。なぜって、こんなに大きな、いや、こんなに大量の食い物を目の前にしたのは、ぼくにとってはもちろん生まれてはじめてのことであり、ほかの3人にとってもひさしく目にしなかった光景にちがいなく、しかも一様に皆、究極の腹ぺこ状態だったのだから。

父の帰りを待っての5人家族の夕食はカボチャである。ただし、おかずではなく主食なのだから味付けをしたりはしない。それに味を付けようにも甘味料は皆無にちかく、あるのは貴重な塩だけ。だからだったのかは定かでないが、カボチャはざくざくと大きめに切られ、さつま芋のように蒸かしたのが食卓に出された。それにちょっと塩を付けて食べるわけだ。

誰かがまず食べた。何も言わない。つづけとばかりに皆が一斉に手を出す。誰もほとんど何も言わない。ただ黙々とカボチャを口に運び、ひさびさに皆、ともかくも空腹は満たされた。すると、お茶を口に含みながら祖母が「ずいぶん水っぽいカボチャだね」と小声でひと言。それは父も母も、それに兄もが言いたかったことらしいのだが、何となく言ってはいけないような雰囲気を察してか、口にしかねていた言葉だったようだ。

祖母のひと言を聞いて父が、「うん、あまり旨くないカボチャだ」と相づちを打つ。すると3つ年上の兄までも「美味しくないカボチャだね」と。そして、母は少々がっかりといった感じで「そうだね。切るときにもザクザクして柔らかかったからね」と。

でも、ぼくにはそんなことはあまり分からなかった。第一、その頃のぼくの食べ物の評価基準に、旨いとか不味いとかの判断が入り込む余地はなかった。基準はただ一つ、少ししかないのか、あるいは、たっぷり有るのかという量的な問題のみ。そして、たとえ水っぽかろうが柔らかかろうが、ともかくそのカボチャはぼくを十分満腹にさせるだけの量はあった。上等ではないか。それなのに皆が何か腑に落ちない顔つきをしていることのほうが、ぼくにはよほど腑に落ちないのだった。

　ここで話が終われば、飢えの時代に図らずも満腹を体験した楽しい想い出になるのだが、事実はそうはゆかない。巨大なカボチャは一日では食べきれなかったようだし、しかもその後も、このカボチャだけはしばらく安定供給がつづいたようだった。すなわち、来る日も来る日も、ただザクザクして水っぽく何の味もしないカボチャの食事がつづいたのである。

　人間とは実に贅沢な生き物で、こうしてともかく空腹が満たされる何日かがつづくと、さすがに幼いぼくも、そのカボチャが少しも美味しくない食べ物であることに気が付きはじめる。芋茎麦粥のほうが味がある、などと。そしてやがて、今夜もまたあの不味いカボチャを食べなくてはならないのか、と思うようになる。母は、何とかしてカボチャを嫌がらずに食べてもらおうと、代用醤油や、とっておきのサッカリンで味付けを試みたりしたが、そんなことで旨くなるようなカボチャではなく、その不味さはまさに筋金入りの頑固さ。

　そんな頃、ぼくの肌の白っぽい部分や手足の爪などが、何となく黄色っぽくなってきたことに気がつく。3人の大人は何の変化もない。兄もほとんど何ともない。だがぼくだけは黄色っぽい。母は「黄疸に違いない」と、父の会社の診療所にぼくを連れてゆく。診療所の先生は母の話を聞きぼくを一目見ただけで診察もせずに、「お母さん心配ないよ。黄疸じゃないよ、カボチャだよ」と告げた。

「カボチャ?」「ああカボチャ。毎日食べてるだろ、あのカボチャ。小さい子はあの黄色い色が爪や皮膚に出るんだよ。坊や、カボチャ美味しいかい」。ぼくはただ黙って首を横に振りながら、「ちくしょう! あんな物、もう食べないぞ」と思った。ではあっても実際にはとても空腹には勝てず、ベショベショして妙に筋っぽいだけの不味いカボチャを、さらに来る日も来る日も食べつづけ、僕の爪や皮膚や、それに白目までもが黄色く染まっていった。

後になって知ったことだが、あの化け物のような巨大カボチャはもともと人間の食用ではなく、ブタなどの飼料用に栽培したもののことだ。よくもあんな物を喰わせたものだ。「それに引き替え、このナタ割りカボチャの何と旨いことか」と、また口の中にポンとカボチャを放りこみながら、心より平和に感謝。

そして、ふと想った。ぼくがデザイン学校、桑沢デザイン研究所の2年生のときが1960年。いまだに語り継がれる「60年安保闘争」の年である。4月の新学期開始そうそうから、全学連に代表される学生反戦運動の機運は高まりはじめた。とても全学連などには付いていけない軟弱なデザイン学生の我々も、他校のデザイン学生や、画家、音楽家、それに新劇の舞台役者や演出家といった方々のグループに入れてもらい、国会議事堂周辺から銀座通りにかけてのデモ行進をくり返すようになった。

　生来どこかに熱血漢のような部分がチラリとあるぼくは、軟弱なデザイン学生なりにではあったが、一連の反戦運動や安保闘争に燃えた。上部会合での、「桑沢さんからはもっと学生さんを動員して欲しいな」の要望に応えんと、授業中の各教室をまわって10分間のアジ演説をさせてもらい、安保闘争の重要性とデモへの参加を説いた。そして当初わずか20名ほどのデモ参加者を、日米安全保障条約改定が迫る6月近くまでには、３００名を数えるまでに増やした。ぼくは意気揚々とその先頭に立ち、ハンディトーキーを手に「学生歌」や「赤旗の歌」や、それに「インターナショナルの歌」などを大声で歌いながら、銀座通りを闊歩したものだ。

「あの頃は、はっきりとした反戦の意識があった。そのための行動もしていた」と、カボチャとビールを交互に口に入れながらの独り言。「それに引き替え最近の俺は何だ。テレビで反戦運動のニュースを見ても、おお、やってるな、などと言いながらあぐらをかいてグラスを傾けているだけ」「一体これでいいのか。ナタ割りカボチャは旨いもないものだ。戦争中のあの忌まわしいカボチャのことを忘れたのか」「いや、忘れてはいない。と言って、いまさらデモ行進もできまい。それならせめて反戦の誓いとして、あと一つだけこの旨いカボチャを食べ、それを最後に生涯カボチャは口にしないことにしよう。これが俺の反戦思想の証だ。そう、《我が反戦のカボチャ断ち》だ」と。そして「ヒクッ」と襲ってきたシャックリとともにカボチャ断ちを自らに誓ったのである。そして最後の一切れをしみじみ味わいながら胃袋に収めた。その日から現在まで、ぼくは一切カボチャを口にしていない。

いや、正確には二度ほど間違って口にしたことがある。最初ははじめて食したパンプキンスープ。変ったポタージュスープだと思ったが、飲み終えてもしやと思い訊いてみたらカボチャとのこと。二度目は、いろいろな野菜チップをフリーズドライにしたようなスナック菓子。どれを食べてもみな同じように野菜らしからぬ味で、カボチャのことなどすっかり忘れていたが、そのひと切れをじっくり観察してみると、まぎれもなくカボチャだった。すでにかなり食べたあとなので、きっとその中にカボチャもあったはずだ。でもこの二度とも、知らずに口にしてしまったのだから仕方がない。

結婚したとき女房に「嫌いなものは何もないけど、カボチャだけは食べない」と告げ、その理由を説明した。「お前が食べたいのなら、食卓にカボチャが出てもいっこうに構わない」とも言った。だがきっとぼくに遠慮したのだろう。わが家の食卓にカボチャが載ることはなかった。

しかしそれは、しばらくの間のことで、たしか娘が幼稚園に入る少し前の頃のこと。ふと食卓を見ると、あの日のナタ割りカボチャのように小鉢に盛られたのが湯気を立て、いい香りを漂わせている。ぼくが「おお、カボチャか」と言うと女房は、「そう。子供がカボチャを嫌いになると困るから」と。すると今度はすでにカボチャをほう張っていた娘が、「お父さんって、カボチャが嫌いなんだってね。お母さんがそう言ってたもん」と、回らない舌で可愛げに言う。まあ、仕方ないか。カボチャ絶ちの話はまだ通じるはずもないし、と。そして以来、子供らからは「お父さんはカボチャが嫌いで食べられない」と言われつづけてきた。

話を聞き終えたA君は、何か遠くを見るような目つきでそば屋の天井を凝視し、「60年安保闘争ですか。聞いたことはあるけど、自分なんかぜんぜん生まれてもいないもんね」と言いながら、「ずいぶん長居してしまった」といった顔つきで腕時計に目をやった。

第八章　1982～1991

コンパクトディスク登場

CD時代の幕が上がる

1982年のオーディオ界は、その年、新時代のプログラムソースとしてデビューするCD（コンパクトディスク）の話題で盛り上がった。でも、82年に入って直ちにディスクやCDプレーヤーが市場に姿を現わしたわけではなく、発売は82年の10月からだ。ではあっても各オーディオ誌の多くは、早くからCDに関する技術的な解説をはじめとし、期待される新機能や音質的な魅力などについて積極的にページを割きはじめていた。

しかし、何故か「ステレオサウンド」誌だけは、ほとんど何事もないかのようで、少なくも実際にディスクやCDプレーヤーが発売される寸前の1982年秋号。すなわち64号までは、ほとんどCDに関する記事は見られなかった。

「ステレオサウンド」誌にはじめてCDに関わる筆者原稿が掲載されたのは、9月に発売されたその64号で、岡俊雄先生による「デジタル・オーディオディスクの世紀が来る！」と題するものだ。ただしこの記事さえも、読者の目に付き易い巻頭あたりでなくまったくの巻末扱いなのだ。そしてその年の12月発売の65号で、はじめて数社からCDプレーヤーの広告が掲載されると共に、本文では岡先生のほか2名による、「CDが開く新しい音の世界」

という鼎談が掲載された。ただし、これもまた巻末扱いだった。

もちろん記事の内容などでは、けっしてＣＤ批判を展開していたわけではない。従来のアナログソースでは不可能だった、デジタルならではのメリットや魅力などを述べ合い、またいっぽうではＣＤに対する今後の要望なども語り合われている。だがそれらが、いずれも妙にクールで、熱気をともなった盛り上がり感がない。すなわちこれは新登場したＣＤに対する、「ステレオサウンド」誌一同の反応と見る以外にない。そしてそれは同じく、ぼく自身にも言えることだった。

そう言えば前記のように、「ステレオサウンド」誌の筆者陣ではもっともＣＤ寄りのイメージが強かった岡先生が、その頃のある日、「オーム（瀬川冬樹）はいいときにあの世に行ったよ。だって、こういう音を聴かずに済んだのだから」と、試聴しながら独り言のように口にされたのを耳にした覚えがある。

それでも翌１９８３年6月発売の67号では、「ベストバイコンポーネント」選定（当時はオーディオ機器の夏期ボーナス売上げが大きかったため、ベストバイは夏号だった）に十数機種のＣＤプレーヤーの名が挙がった。

だが、ベストバイ選定メンバーの一人だったぼくは、その文中で「大変に言い訳がましくて申し訳ないのだが、ぼくにとってＣＤプレーヤーは、ベストバイを選ぶ上で最も自信のないものの一つと白状しなくてはならない。話題性の大きいのは承知だし、今後の可能性も大いに期待できるわけだが、現在の製品はどれもが暗中模索の印象でこころもとなさがあるし、それに接するこちらの姿勢も、もう少し様子をみてからという気分が先に立ってしまう。したがってここでは、最高の3点を投票する権利を放棄することにした」と記し、最高点を2点にとどめた。こんな意見がそのまま掲載されることからも、CDに対する「ステレオサウンド」誌の環境がうかがえるわけだ。

さらにつづく68号では、筆者5人の家を黒田恭一氏が訪問して取材する、「いまCDサウンド探求中！」なる記事が掲載された（これは巻末ではなく巻頭扱い）。ぼくもこの「探求中」の一人として登場するのだが、その取材に応じるため数ヵ月の短期間で集中的にCDを聴いた。言葉を換えれば「無理やり探求させられた」とも言えるのだが、でもその結果、CDに対する当初の概念とはいささか異なる視野も開けたことを感じた。

現在その号を読み直してみても、そのことが巧く話せたのかどうか自分でもあまりよく分からないのだ。でも言おうとしたかったのは、単にCDを懐疑的に受け取るのではなく、むしろそこには、これまでのアナログ再生が隠し持っていた落とし穴のようなものを、探査する能力があるのではないか、というようなことだった。まだ単に何となくだが、そう思いはじめたことが、その後のぼくのオーディオに与えた影響はひじょうに大きかったと現在でも考えている。

なお、当初ぼくが使いはじめたＣＤプレーヤーはソニーの「ＣＤＰ１０１」だったが、前記の取材時にはテクニクスの「ＳＬ-Ｐ１０」を使っていたと思う。さらにその後、ルボックスの「Ｂ２２５」などに替わってゆくのだが、前章でお話ししたように、当時オーディオメーカーの人が言っていた「ＣＤプレーヤーはどんな機種を使っても得られる信号は同質だから……」どころか、それぞれあまりにも音が違いすぎるのが驚きでもあり、ＣＤ再生に対する不信感の根拠の一つでもあった。

だから、ついに幕が上がったコンパクトディスク時代も、ぼくのオーディオにとってはけっして夢のような世界というわけではなかった。むしろ新しいソースが一つ加わっただけでもあったのだが、ただしそれはテープやＦＭ放送とは違い、これからのオーディオにとってけっして無視することのできないソース、といった認識だった。

ちなみにＣＤプレーヤーの値段は、その後かなり高価なモデルも登場するようになるが、当初の製品は20万円前後から30万円前後までで、アナログプレーヤーで言えば入門機から中級機あたりに相当する。いっぽうアナログのＬＰレコードは物価上昇にともないかなり値上がりしていて、１枚2千8百円程度が標準だった。しかしＣＤはさらに高価で、１枚3千8百円でのスタートであった。

ＣＤはたしかにアナログ再生よりハイクォリティなのは事実だ。さらに利便性の上でも高く評価すべき項目は多々あった。それにも関わらず心から「これは素晴らしい」と発言できなかったのは、やはり岡先生の独り言が意味するように、音楽を楽しませる魅力的な音ではなく、「こんな音……」ばかりだったからなのだ。その原因の主たるものが、プログラムソース側よりもＣＤプレーヤー側にあったことはほぼ間違いないだろう。だが当初は、それらのＣＤプレーヤーで聴く以外には手段がなかったのだから、議論してもはじまらない話だった。

しかしぼくはそれとは別に、これは従来からのアナログレコードの鳴らし方にも、何か問題が隠されているのではないかと少しずつ思いはじめた。もちろんごく一般的な家庭でのレコード再生ではなく、自らも「マニア」と認める我々オーディオマニアの場合においてである。

と言うのも、その時点でぼくもすでにかなりの枚数のアナログレコードを持っていたが、我が家で鳴らしたとき、その中で、曲目、演奏、音質などすべての面で満足できるのは10％以下。盤質や録音の問題は一応別にし、さらに曲や演奏も問わず、音質の面だけである程度まで満足できるのが30〜40％程度の感じだ。したがって「我が家の音はこんな音」などと、多少は自慢気に人に聴かせられるレコードは10％以下の数で、あとは人にはあまり聴かせたくないか、あるいは絶対に聴かせないかの、いずれかなのだ。

だがこれはもしかすると、特にぼく好みの曲や演奏のレコードだけがもっとも自分好みの鳴り方になるように、システムを造り上げてきた結果ではないのか。従ってそこでの再生にパスしたものだけを、好ましい魅力的なレコードと思い込んでいるのではないのか。

現にアナログ再生には、好きな曲や好きな演奏のレコードを、自分好みの音にして楽しむ余地が無限に秘められている。例えばフォノカートリッジにしても、型式は様々でそれぞれに音質的／音色的な特徴が異なるし、同じ型式でも造り手によって当然ながら音が違う。またプレーヤーにしても、全体がコチコチの構造とフワフワの構造とでは音色の傾向や印象が違う。さらにトーンアームだって長いのや短いのや、太いのや細いのや、重いのや軽いの等々と実に多様で、当然ながらそれぞれに音の持ち味が異なる。また昇圧トランスや……、などと言いはじめるときりがないのでこの辺りまでにしておくが、この一つひとつを聴き手の感性というか、好みによって選び分け、自分だけのアナログ再生の音の世界を創り出しているのだ。

そうそう、大事なことを一つ言い忘れたが、当時はプリアンプの付属回路だったフォノアンプのＲＩＡＡカーブにしても、それぞれが現在よりずっと個性的（精度が低い）で、その違いさえも音の好みの対象になっていた。

だから我々オーディオマニアは、それらの選択や使いこなしなどにより、自分好みの曲や演奏のレコードが自分好みの鳴り方をするようにシステムを創り上げて、悦に入っているのではないだろうか……と。

とくにぼくのようにアナログレコード以外はほとんど聴かなかったマニアのシステムは、言うなれば、自分のお気に入りのレコードだけを楽しむ専用システムだったわけだ。加えてぼくの場合なら、チャンデバやグライコの各レベル設定をはじめ、アンプ類の選択など、すべてぼくの好きなレコードにぼく好みの鳴り方をさせるためのものなのだ。

あらためて考えてみれば、こうしたシステムで突然よそ者のＣＤを鳴らして、素晴らしい音が聴けたりするはずなどないではないか、と、少しずつ思いはじめた。

ＣＤにより揺さぶられたぼくのシステム

こうしてメインのプログラムソースはアナログレコードばかりだったぼくのシステムに、新しいＣＤが加わるようになった。でも当初は、どうしても我慢して聴く雰囲気になり、「厄介なことになったものだ」などと愚痴りながらの再生だったのだが、やがて少しずつ、アナログレコードとＣＤとの鳴り方の違いなどが、体験として蓄積されはじめた。そしてこのことは、ぼくのサウンドチューニングをこれまでのアナログの愛聴盤中心から、少しずつＣＤチューニングに振らせるようになっていった。

ただしそうは言っても新しいリスニングルームにおけるぼくのシステムが、たとえアナログソースに対してだけでも、すっかり満足のゆくように仕上がったのかと言えば、けっしてそうではない。とくに全体のエネルギーバランスに対する整いの不満は相変らずだった。しかも、そこにＣＤが加わったことにより、予想していなかった新たな問題も発生した。

すでに申し上げたようにぼくの低域用アンプは、発熱で回路基板を焼いて大騒ぎをしたマークレビンソンのＭＬ２Ｌだ。ぼくが使う16Ωのウーファーに対しては、わずか12・５Ｗのパワーしか得られないのだが、でもウーファーは１００dBを超える高能率機なので、これで不足はないはずと考えて選んだわけだ。それは実際にその通りで、音質もドライブ力も申し分のない組合せと考えていた。

ところがプログラムソースにＣＤが加わってくると、曲により、ときとして、低音のパワー不足を感じさせることに気が付きはじめた。プログラムソースではもう少し輪郭よく低音が伸びている印象なのに、パワー不足でそこまで出せていない物足りなさを感じるのである。

これは単純に、アナログレコードよりＣＤのほうが低域が延びていると言ったことではないと思った。アナログの場合まずプレーヤーの構造にはじまり、カートリッジの特性、トーンアームの設計、さらにフォノ回路の性能等々により、エネルギーの大きい低音成分は失われやすい。だから例えば、トーンアームを替えたら急に低音の厚みが増した、などの話はよくあることだ。

要するにアナログ再生でなら問題も感じなかった低音用アンプのＭＬ２Ｌも、とくに低音の機械的ロスなどが少ないＣＤ再生では、パワー不足に陥ったということだ。となるとパワーアンプを替える以外にないのだが、そのパワーアンプがない。

中域用に使っているマッキントッシュのＭＣ２１０５ならパワーは十分だが、これは以前にも試したが、どうしてもウーファーとの質感が合わない。このウーファーの軽やかさが出ないし、それに何よりもダンピング感が不足で足取りを鈍くする感じなのだ。とくにこのウーファーにとっては、ダンピング感のよいアンプでドライブすることが必須と以前から考えていた。

そのときふと頭に浮かんだのがケンウッドの「Ｌ０２Ａ」というプリメインアンプだ。プリメインと言ってもプリ部があるわけではなく、入力セレクターとボリュウムだけを持つハイゲインパワーアンプで、この部屋に持ち込まれたブックシェルフ型スピーカーなどを試聴するときにだけ使っていた。そんなときに同機を使っていた理由は、例え低能率スピーカーでも問題にしない十分なパワーと、それに何よりも音の素性のよさだ。その素性のよさの中に、ダンピング感のよい肉厚で弾力性に富む低音再生があった。

果たしてどうかとつないでみると、これがまったくぴったりの鳴りっぷりのよさなのだ。それならと中域を鳴らしていたＭＣ２１０５をはずし、低域を鳴らしていたＭＬ２Ｌに替えてみると、これもひじょうにいい。中域ユニットも16Ωだが、でもホーン型だからＭＬ２Ｌでもパワー不足はあり得ない。結局、低音は新たにＬ０２Ａが受け持ち、マッキントッシュにはお休みいただくことにして、ウーファー用エンクロージュアの上に乗せていたＭＬ２Ｌが、そのままの状態で今度は隣に並ぶ中域用ホーンをドライブすることになった。

プログラムソースにＣＤが加わったことにより、ぼくのシステムはその新参者に揺さぶられ、それまで隠されていた綻びが目立ちはじめたとも言える。低域のパワー不足はその顕著な例だ。それに以前から問題だった中高域付近の張り出し感というか、鋭さというか、例のベートーヴェンの弦楽四重奏をどうしても心地よく聴かせてくれない、あの頑固なキャラクター。あれは以前の家でのある一時期、少し穏やかさを感じさせはじめたようにも思ったのだが、それも結局は気のせいのようなもので、いっこうに解決されていない。それればかりか新しいＣＤソースの中には、あのベートーヴェンと同じような感触の聴き心地の悪さをともなうものがいくつもあるのだ。

そんなとき、ぼくが次第に疑いを向けはじめたのが、中域を受け持っているアルテックのホーンシステムだった。ぼくはそうは思いたくなかったのだが、でも次第に「これしかない」と思いはじめてもいた。

と言って中域をコーン型にする気などはまったくなかった。現在の中域システムを我が家ではじめて聴いたとき、その時点から問題の耳障りな音はあったわけだが、でも同時に、それまでのコーン型からはけっして聴けないホーン型ならではと思わせるリアルな質感が、ホーンにとっては苦手なはずの弦楽器の再生の中などに生きていたのだ。その、思わず「ゾクッ」とするような生々しさに、ぼくはとりつかれてしまった。だから今回も、山中さんと同じくアルテックのA5用ホーンにアップすべきかとも思った。だが、あのホーンは大きすぎることと、いかにも劇場用の印象であることにぼくとしては抵抗があった。

その頃アメリカのモニター機業界で話題と紹介されたのが、パイオニアのTADブランドによるドライバーとホーン、「TD4001+TH4001」だった。

ドライバーのTD4001は今も現行品なのでご存じの方も多いかと思うが、ホーンはぼくの使っていたアルテックより一回り大きい程度の木製。ただしドライバーはダイアフラム径が4インチもあるベリリウム製で、ぼくのアルテックとは完全に倍以上の格差だ。

実はこのホーンを搭載したシステムは、少し前に聴いたことがあった。そのときの印象では、いかにもアメリカンモニターといった感じの鳴り方で、エネルギーに満ちたギンギンの音だった。そのため、とてもぼく好みではなかったのだが、しかしその中に、アルテックのホーンにもあった特有の鮮度感と艶やかさがあったのも事実だ。そのときのユニットはまだ新品で、エイジングが足りないベリリウム振動板が聴かせる、特有の鋭角的な音も相当に影響していたはずだ。とすればそれを巧く鳴らし込むことにより、ぼく好みの音に近づけることもできるのではないか、と考えたのである。

かくしてぼくの部屋から、結局ただの一度も心から納得のゆく音を聴かせてくれなかったアルテックのホーンが消えた。それに替わってTADの木製ホーンTH4001とTD4001ドライバーが、アルテックのときと同じくウーファー用エンクロージュアの上に納まった。すでに新しいリスニングルームも4年目を過ぎようとしていたと思う。その頃、タワー状に4台重ねしていたトゥイーターのPT-R7に、リボンをベリリウム製にした「Ⅲ」型が登場したので同じベリリウムに拘ってそれにチェンジした。

実は、スピーカーの振動板はたとえ小さなリボン型であっても、本来の音を出させるにはある程度のエイジングが必要なのだ。しかも、特にベリリウムの振動板はその傾向が強いと言えそうだ。したがって中域用も高域用も、ともに新品のベリリウム振動板になった我が家の音は、まさにギラギラの感じから再スタートすることになった。

グライコによるサウンドチューニング

先程、プログラムソースにＣＤが加わったことが、「ぼくのサウンドチューニングをこれまでのアナログの愛聴盤中心から、少しずつＣＤチューニングに振らせることにもなった」と申し上げたが、ここでその「サウンドチューニング」について少々ページを割かせていただくことにしよう。

サウンドチューニングには当然ながらいろいろな手段がある。しかもチューニングという意味を、単にハイクォリティ追求と捉えるか、あるいはハイクォリティ感の追求のみではなく、同時に音色や、その部屋における全帯域でのエネルギーバランスなども含めて捉えるかによって、考え方も手段も異なってくる。

もちろん「Hi Fi」なのだからクォリティを度外視することはできない。では数値で表わせるクォリティだけで満足できるかと言えば、そうではない。それで済むのならオーディオの趣味など成立しないことになる。それが成立するのは、数値で示せる特性には限界があるから、数値では表わせない領域までのハイクォリティを自分で達成したいと皆が願っているからだ。でもその結果をたしかめるには、もはや自分の耳で聴く以外に手段がないのだ。そこで一人ひとりの聴き方の問題になってくる。

これをどう分類すればいいのかはひじょうに難しいと思うのだが、仮に、はじめから特性のことだけを頭に置いて聴くとしよう。例えば、その音には歪み感があったりしないか？　あるいはノイズにより透明度を下げてはいないか？　過渡特性に問題があって音の角を丸めたり逆に鋭角的にしすぎたりはしていないか？　さらに全帯域にわたるフラットな鳴り方を感じさせるか？　等々の聴き方だ。

そのために例えばケーブルの引き回し方を変えてみたり、あるいはケーブル自体を交換したり。いや、ケーブルばかりではなくアンプを買い替えたり、逆に細かいことでは端子を磨いたりなどなど、クォリティアップに役立ちそうなことは無限にある。もちろんぼくも、このようなクォリティアップに徹したサウンドチューニングを否定したりはしない。オーディオにとって極めて重要なことであり、また極めて面白い部分でもあるからだ。

だがぼくのサウンドチューニングは、それとは少し違う。仮に前記のやり方に徹したとした場合、例えばトーンコントロールやグライコ（グラフィックイコライザー）を使うなどは論外と言われかねない。理由は、それらのコントロール回路が信号の純度低下を招きがちだからで、それではクォリティアップにはならないとの意見ゆえだ。たしかにトーンコントロールやグライコを信号回路に入れることは、クォリティの磨き上げに何ら貢献しないばかりでなく、多少なりともクォリティを低下させる可能性は否定できない。

と言いながらも、ぼくにとってのサウンドチューニングには、そのグライコが欠かせないのである。他の手段では容易に解決できない問題を、簡単にとは言わないが、でも解決の糸口を与えてくれるものと思うからだ。

しかし、オーディオマニアとしても筆者としてもまだ新参者だったぼくは、グライコを使っていることを人に知られたくないと、最初はそっと隠して使っていた。その後アンプ用の縦長ラックを造ったとき、最上段にだけは扉を取り付け、そこをグライコの隠し戸棚としたことは以前に申し上げた通りだ。

ではそのグライコで実際にどんなことをしていたのかと言えば、言葉にすれば実に単純なことだ。簡単に言うと、曲を聴いていて何となく気になる帯域あたりのレベルを、少し下げてみたり、あるいは逆に少し上げてみたりするだけのこと。ただし聴くのは1曲や2曲ではない。傾向の異なる曲などを混ぜながら数十曲を繰り返し聴き、どの曲に対しても好ましいと思える全帯域のエネルギーバランスを模索するわけだ。

したがってこの場合、仮にある程度まで納得できるバランスに達したとしても、それが結果としてどんな周波数特性（ｆ特）になっているのかは問題にしない。この場合ｆ特はどうでもいいのである。問題にするのは耳に感じる音楽の、鳴り方の魅力度だけだ。

ところが、多くの人がグライコに期待するのは、むしろｆ特のようで、それも可聴帯域内をフラットにすることがグライコの役割と考えているように思える。たしかに、スピーカーの鳴り方は広帯域でフラットなことが、長年にわたり金科玉条であるかのように言われてきた。それが達成できれば再生の問題は大半が解決だと言わんばかりに。

もちろんぼくも当初はそう思っていた。そしてどんなものかとグライコをいじりはじめたのだが、自分のやっていることがフラットな特性に近づいているのか、逆に遠のいているのかなど、本格的な測定機器でも持ち込まない限り分かるはずがない。でも音が変るのは耳で分かる。その頃のグライコは現在のように可変バンド数が多くはなくコントロール機能も知れたものだが、でも一般的なトーンコントロールでは不可能な効果が得られたのはたしかだ。

その暫く後になって（１９８１年頃）アメリカのｄｂｘ社から、マイコンを導入した「モデル２０／２０」というグライコが発売された。これは、可変バンド数はＬ／Ｒ各10バンドなのだが、専用の測定マイクが付属し、そのマイク位置でのｆ特を、ほんのわずかな時間でフラットにしてくれることで話題になった。一瞬にして憧れのフラット特性が実現できるというわけだ。もちろんぼくも早速使ってみた。測定マイクを試聴位置中心の耳の高さあたりにセットしスタートさせると、ほんの数十秒間でフラットになるよう補正してくれる。

この結果がぼくのオーディオに与えた影響力は大きかった。と言うのもその状態で音楽を鳴らしてみると、何と、耳を塞ぎたくなるほど酷い音なのだ。ギンギンのハイ上がりバランスで声も楽器もまるで音楽にならない。もちろんこの状態でしか聴けないのではなく、あとはマニュアルで気になる帯域を微調整して使えとある。でも、わずか10バンドではコントロールにも限界があるので、結局ぼくはほとんど使うことなく終った。しかしこの体験は、フラットな音場特性がいかに非音楽的な音であるかを、強くぼくに教え込んでくれたのだった。

以来ぼくは、我が家のシステムのf特に関してはまったく意識しないことに決めた。しかしグライコへの依存はより強くなっていった。もちろんf特をフラットにするためではなく、もっぱら耳を頼りに、気になる部分を少しずつ補正してゆくことによってだ。だがそれには10バンド程度では足りず、より多素子モデルを追うことになる。

実際１９８０年代あたりからはグライコの可変バンド数も次第に増えはじめた。その頃ぼくが使うようになったのは、１９８１年に登場したテクニクスの「ＳＨ８０６５」という33バンドのモデルで、本格的に使えると思えるようになったのは、このモデルあたりからだった。だが、これもまだ、例の隠し戸棚の中を定位置にしていた。

その後１９８５年に、同じく33バンドによるアキュフェーズ初のグライコ「Ｇ１８」が誕生。比べて見ると、まず音質のクォリティ感がまったく格上なので直ちに入れ替え。ただしまだ操作のメモリー機能などはないので、とてもイージーユーズと言うわけにはゆかず、可変ノブを一つ動かすにも全神経をそのことに集中させ、あたかも真剣勝負のような気持ちで臨んだものだ。ただし同機もまだ同じ隠し戸棚の中を住まいとしていた。

ＣＤ中心に変化したチューニング

前記のようなぼくのサウンドチューニングは、もちろん当初は、アナログレコードの中でもとくにぼくのお気に入り盤を中心にしていた。だが、そこに現われたのがＣＤ（コンパクトディスク）だ。しかも数年後にはアナログ盤は姿を消しディスクソースはＣＤのみになると言われた。そして前記のように「ステレオサウンド」誌にも、「いまＣＤサウンド探求中！」のような企画が掲載されるとなると、もはや無視していることはできない。

しかも、これも先程ちょっと申し上げたが、我が家でのＣＤの音のつまらなさには、あまりにもぼくのサウンドチューニングが、お気に入りのアナログ盤中心で、その意味では少々ゆがんだ状態にあるからではないか、との疑問もある。とすれば、新しいリスニングルームでの音もまだでき上がる気配はないし、そこにCDが加わるなどで、システム構成もかなり異なるものになってきたのだから、今度はむしろCD中心のつもりで、サウンドチューニングを改めて試みるべきではないか、と考えた。

この場合もちろんグライコ操作がかなりのウェイトを占めることにはなる。だが、ゼロからの再スタートのつもりだから、例えばマルチアンプの各設定数値をはじめ、場合によっては機器そのものの入れ替えも含めて、音を創りなおすことにした。と言っても、ある日そう決心して「ヨーイドン！」とスタートしたわけではない。でもいま思うと、そんな変化がぼくの中に生まれ、次第にぼくのオーディオのエネルギーがその方向に向って歩みはじめたのだ。新しいリスニングルームに移ってから、早くも5～6年が経過した頃のことである。

初期の頃のCDは新録ものばかりでなく、以前にアナログレコード用に録ったマスターテープや、その後アナログレコード用でもデジタル収録したマスターなどを、CDに転用したものも少なくなかった。これは言わば焼き直しものなのだが、新録盤だけでは発売できるディスクのタイトル数が足りなかったわけだ。でもその結果、すでにアナログ盤として発売されていた録音が、今度はCDで発売という例も多かったことになる。

ディスクの発売は大手のレコード会社がほぼ一斉に開始したが、でもリード役はやはりCD開発メーカーの一社フィリップスで、ディスクの発売も他のブランドよりかなり積極的だった。前にもちょっと触れたと思うが、ぼくはクラシック曲に関しては圧倒的なフィリップス盤贔屓で、すでにかなりの曲を持っていた。もちろんすべてアナログレコードでの話だ。

その結果、新発売されるフィリップス盤CDの中には、ぼくがすでにアナログ盤で所有していた演奏もあった。したがって新たにCDだけを入手すれば、同じ収録での、我が家におけるアナログとCDの音の違いを知ることができた。でも今度は、そのアナログの音はあまり気にせず、CDから血の通った音を引き出すことを目的としたサウンドチューニングである。

システムのほうは、すでに低音用のパワーアンプが入れ替えられていたし、中域ユニットもアルテックからTADにチェンジしていた。さらにトゥイーターもTADのベリリウム振動板に合わせてベリリウム製リボンの新型に替えていた。この両モデルの振動板もすでに新品時のギラギラした音を脱し、比較的コントロールし易い状態になっていた。

いや、それだけではない。「アナログの音はあまり気にせず」とは言ったものの、それはサウンドチューニング用の音源としてのみの話であり、日常的に聴くのはやはりアナログ盤が中心であって、けっしてガラリとCDに心変りしたという意味ではない。だからマイクロのプレーヤーシステムも、前記したSX8000に レコード吸着システムが加わった「SX8000Ⅱ」に替えていたし、さらにその2年ほど後に完成した「BA600」と言うフローティング・エアーインシュレーター、すなわちプレーヤー全体をエアーで浮かせる大型インシュレーターも使いはじめた。

実は、超重量級のSX8000Ⅱだけにインシュレーターなしでも、例えば床の振動で針が飛ぶとか、ハウリングを起こすとか、あるいはノイズを感じるなどの問題は生じない。だがそれでいて、なぜか音に弾力性が乏しくて反応が鈍い気分があったりはした。そのためぼくはプレーヤーケースの底板を二重にし、その間に市販のインシュレーターを20個ほど並べ、その上にプレーヤーを置いて使っていた。

これもそれなりの効果はあって、結局5〜6年ほど使っていたのだが、新発売されたエアーインシュレーターを試してみると、まるでガラリと世界が変ったかのよう。サウンドの重量感や骨格感などに違いはないのだが、全体の雰囲気が軽やかになるとともに、音の感触に滑らかさや柔軟性が生まれ、「これが同じプレーヤーの音か?」と疑いたいほどの違いなのだ。

結局あのプレーヤーは、このインシュレーターを組み合せてはじめて完成したのだと思った。もちろんぼくはこの音の違いに大感激し、暫くの間はまたアナログ漬けに戻り、ＣＤにはあまり手を出さなかったりした。

この間にチャンデバも、アキュフェーズ機からヤマハ「ＥＣ１」にチェンジ。これは前記マイクロの例とは違い、ＣＤの音が何処か感触の柔軟さに乏しく、やや凛々しさに向いすぎる印象なのは、チャンデバの性格にもよるのではないかと、使っていたアキュフェーズ機にあらぬ罪をなすり付けた感がなきにしも非ずだ。

先に「チャンデバが固有の音色を持っていては駄目だ」というようなことを言った覚えがあるが、いざとなるとそんなことは忘れてしまったりするものだ。何処かでＥＣ１を使った音を耳にし、その耳当たりのよさが、我が家でのＣＤ再生に効果的なのではと思ったのだろう。

だが、そこで聴いた音の印象をＥＣ１によるものとしたのはまったくぼくの勝手な思い込みで、結果としてそう思い通りにはいかなかったが、でも特に不満も生じなかったことから、このチャンデバも結果的に数年は使った。

楽しめるアナログレコードが増加

話をCD中心のサウンドチューニングに戻そう。と言ってもアナログのときとは違う特別なことをするわけではなく、何曲も聴いてはグライコでのエネルギーバランスや、チャンデバの設定数値などを、ごく慎重に少しずつ変えながら、その音の違いを頭の中に蓄積してゆく。そのほか、厄介だがやらずには済まされないのが、各スピーカーユニット間のタイムアラインメント調整。この調整が可能なように、中／高域のユニットはウーファーエンクロージュアの上に積み重ねてあるだけで、固定はしていないと申し上げたが、それらをミリ単位の感じで前後させては、また曲を聴き直す。

それもスコーカーを動かしてみたりトゥイーターを動かしてみたり、あるいは両方ともに動かしたりだから、「さっきのほうが良かった」と思っても、正確に元に戻すことなど容易にできない。これにグライコやチャンデバなどの操作が加わる結果、ある意味では、これは正解のないパズルに挑戦しているようなものでもある。その結果、言いようのない疲労に襲われ、1～2日間ほど寝込んでしまうことなど度々あった。

でも、アナログでのときより楽なことも事実だ。アナログではこのほかに、先ずプレーヤーシステムに関する諸々の問題が横たわっている。しかもそれは結果として、お気に入り盤のみが自分好みの鳴り方をしてくれる、言わば自分だけの「タコ壺」のような世界をつくり上げ、その中で一人いい気持ちになっていたわけだ。でも今度はそこから脱することが目的と言っていい。

その結果、少しずつではあるがＣＤの音が、次第にＣＤサウンドと言える印象を感じさせはじめた。もっともこのことの最大の功労者は、むしろＣＤプレーヤーの進歩と言うべきかもしれない。ぼくのＣＤプレーヤーもルボックスからスチューダー「Ａ７２５」に替わり、さらにアキュフェーズのセパレート型「ＤＰ８０＋ＤＣ８１」に替えていた。

これが１９８６年なのでＣＤの誕生から4年目なのだが、実際、この間のＣＤプレーヤーの進歩は目ざましく、各社とも一作ごとに単なるデジタル機器ではなく、音楽を再生するオーディオ機器としてのＣＤプレーヤーになりつつあった。

ちなみに、その頃発売されていたＣＤプレーヤーの数はというと、コンポーネントタイプの製品に限ったとして、日本製が約１５０機種。それに海外製はまだ10機種程度（海外製が増加するのはこの後）で、合計１６０機種前後が市場に溢れていた。値段は、日本製の場合で4～5万円前後から60～70万円前後までという感じだ。

我が家のＣＤ再生も、少しずつまとまりはじめたサウンドチューニングの成果と、ＣＤ

プレーヤーの音質向上とによって、あまり不満なく音楽が楽しめるレベルになってきた。

問題はその結果として音がどのように変化してきたのかだが、この音というか再生の変化を具体的な言葉にして説明するのはきわめて難しい。「何だ、肝心なことは言わずじまいなのか」と叱られそうだが、言わないのではなく、ぼくの言葉の表現力では、何度書いてみても自分でも納得のゆかない説明ばかりに終るのだ。

だが、恥さらしを覚悟で、その納得のゆかない説明の一例を書くことにしよう。

もっとも説明が抽象的で具体性に欠けるのが、音楽的には無表情に近いと思われたＣＤの音に、少しずつ人間的な表情が感じられるようになってきたことだ。再生音から、作曲者の曲への思い入れや、それに呼応する演奏者の心の動きなどが、かすかに伝わってくるようになる。どんな音がどのようになって、と具体的に言うのは難しいのだが、そのわずかな表情の変化がぼくの心を少し揺さぶるのだ。ＣＤプレーヤーにそうしたことを表現する能力が加わり、それを活かすチューニングの成果が表われはじめたからに違いない。

しかしＣＤプレーヤーもまだ十分に満足できたわけではなく、アキュフェーズ機ではどうしても思うように鳴ってくれない曲のために、スチューダー「Ａ７３０」を使ったりもした。実は音色や質感的には、この2台のＣＤプレーヤーの中間的な味を狙いの一つにしていたのだが、これが思うようにならない。この間すでに数年が経過し１９９０年代を目前にしていたはずだ。

ではその時点で、アナログの音はどうなっていたのかと言うと、こちらも日に日に、いや年ごとに変化し、もう以前の、何度も口にしたぼく好みの音楽をぼく好みの持ち味で聴かせ、ぼくにとっては、とろけるような甘美さや柔軟さで引き込む、あの音ではなくなっていた。もちろんそのことは気付いていたが、なるべく気にしないことにしていた。

でも、そのアナログの音は後退したのかと言えば、そうではない。だがすでに以前のような自分だけの「タコ壺」からは抜け出したようで、トロッとほのかに暖かかったりするのではなく、もっと緻密で清々しい拡がりでの暖かさだ。しかも、これまでは録音が悪いと決め込んでいた盤が、なぜそんな汚名を着せたのだろうと思うほどの音を聴かせたりもする。その結果としてもちろん、ぼくが持っているアナログレコードの中の、楽しく聴ける盤の数が年ごとに増えていった。

その中に例のベートーヴェンの弦楽四重奏が含まれていたのには、自分でも飛び上がらんばかりの喜びだった。もう4番の第一楽章が噛みついてきたりはしない。ただし、この曲が本当にいい鳴り方をしてくれるようになるのは、もっと後のことなのだが、でもその時点での音でも、ぼくは「やった！」と有頂天になった。

ＣＤの音がほぼ自分のものになったと感じるようになったのは、１９９０年代に入ってからと思う。しかし、その再生にもまだまだ気に入らない部分が多く、けっして聴くことだけに専念しようと言う気持ちにはなれなかった。オーディオマニアなのだから当然だが、90年代まででアナログもＣＤも含め、一応ある程度のレベルには達したと思うとともに、それはまた、さらに上があることを知ったわけでもある。したがってさらに、それに挑戦せずにはいられなかった。

第九章 1992〜2000

CD、SACD、そしてアナログとの狭間で

練馬区に引越してリスニングルームを手にしたのが1980年。その2年後には、それまでのアナログレコードに替わり、新しいプログラムソースの王座を目指したCD（コンパクトディスク）が誕生。ぼくのオーディオもそのCDに翻弄されながら、このリスニングルームで早くも12年目を迎えていた。

と言うことは、新宿のデザイン事務所時代に手造りのスピーカーやプレーヤーでスタート以来、ぼくのオーディオはすでに30年目が間近に迫っていることになる。

人間というものは皆それぞれに、自分だけの「人生時計」とでも言うべきものを持っているようで、その針が、幼年期はもちろん青年時代あたりまでは割合にゆっくり進む。だからその頃なら1年間もあれば実に様々なことが体験でき、それが蓄積されて糧となり、人間としての成長を促してくれる。

ところが40歳代を過ぎ50歳代も半ばあたりからになると、針の進みは次第に速度を増し、1年間などまったくアッと言う間だ。「え!?、あれからもう1年も経つのか」ならいいとして、「え!?、3年……」から「え!?、5年……」になり、恐ろしいことに、たちまちのうちに「え!?、10年……」の世界に踏み込んでしまう。もはや、わずかでも針がゆっくり進んでくれることを願っているにもかかわらずだ。

これには、若い頃なら1日か2日で片づいた物事が、一週間も10日もかかったりする結果、

1年間などアッと言う間のように感じるという、悲しい現実も否定できない。したがってぼくの時計の針も練馬に移って10年もした頃から、進みの速さが次第に目立ちはじめた。だから今回のように自分のオーディオを振り返ってみたりすると、スタートから30年目ぐらいまでには、年ごとに実にさまざまな出来事や発見や、そして体験などがあり、しかもその一つひとつを頭ではなく、からだが記憶している。人生の大切な糧となった事柄だからだろう。

ところがその頃から後のことになってくると、「こんなことがあった」は記憶していたとしても、それにつづく次の体験との間が、せいぜい1〜2年と思っていたのに、実際には4年も5年も経過していた事実に唖然とする。いや、4年や5年ではなく実は10年もだったことさえも。

だが、何もせずに時だけが過ぎて行ったわけではない。ぼくが依然としてオーディオに夢中だったのは事実で、毎日のように取り組みつづけていた。でも、その一つひとつの結果が、以前ほど新鮮な驚きや体験ではなくなってくる。いや、実は新鮮な体験であったとしても、それを自分の中に蓄積するためのスペースが乏しくなってきた、ということもあるのではないだろうか。以前なら1〜2年の間に、新しい発見や体験はいくつも蓄積されていったが、このあたりからになるとこのオーディオ回想でも、次の出来事までの間が、ポンッと数年も飛んでしまうことが少なくないのだ。

でもそれは、ぼくが思い出すことや書くことに疲れてきたため、話を適当に端折ったからではないということを、ひと言申し上げておきたかったのだ。これは多分ぼくだけではなく、個人差はあるにしても、きっと人間だれしもが共有していることに違いないと思うのだが。

たしかになっていったCDの存在

CDが誕生して10年。この間ぼくは意識的にそのCDを中心に据えた再生に挑戦してきた。考えてみればぼくのオーディオは、いつの間にか、お気に入りのアナログレコードが、ぼく好みの鳴り方をしてくれることだけに心地よさを見出し、それがオーディオの魅力と勝手に決め込んでいたのではないか、と思ったのがきっかけだった。

とすれば、そのぼくのシステムでよそ者のCDがご機嫌に鳴らないのは当然。それにアナログレコードにしても、例の「ベートーヴェン」をはじめとして、楽しい鳴り方をしてくれない盤が多すぎる。これは何処か間違っているのではないかと考えたのだ。その結果、振り出しに戻ったつもりで、その、よそ者のCDを中心にしたシステムのサウンドチューニングをはじめた。それからすでに10年が経過してしまったわけだ。

しかしこの決断は成功だった。数年前あたりから我が家のCD再生は、次第に音楽としての楽しさを味わわせるようになりはじめた。もちろんこれは、ぼくの努力以外に各社から続々と登場してきた、新しいCDプレーヤーなどの成果が大きいのも間違いない。

かつ同時に、かなりゆがんでいたぼくのシステムそのものも、少しずつそのゆがみが修正されてゆきはじめた。その結果、手持ちのアナログレコードの10％程度しかなかった楽しく聴ける盤が、半数を超えるほどに増加した。しかも誕生時のCDは、まるでアナログレコードとは別世界の非音楽的な音を聴かせているように思えたのに、次第に両者が、音楽を楽しませる方向のもとで共通する音の印象を与えてくれるようになってきた。

もちろん、こうした成果をもたらした理由の一つには、新しい機器との出会いもある。現にその年、ぼくのシステムはひさびさにいくつかのニューモデルと入れ替わった。

新しい機器の一つはチャンネルデバイダーだ。これはマルチアンプ方式の帯域分割に欠かせないものであり、しかも高性能と同時に多機能性が武器となるため、各社の機種はそれぞれに個性的と言っていい。それだけに他のモデルへの目移り感も強いのだが、ただし多機能であることは同時に、容易に使いこなし切れないことでもあり、他のモデルに目移りしてもなかなか乗り換えられない。

　ぼくの場合もマルチアンプをはじめて、この時点で17年目ぐらいになるのだが、この間、チャンデバはソニー「TA4300F」ではじまり(その前に友達から借りて暫く使ってみたチャンデバは別として)、6年後にアキュフェーズ「F15」にチェンジ。その4年後にヤマハ「EC1」に。そして7年後の今回、再びアキュフェーズに戻って新しい「F25」にチェンジだから、17年間で使ったのは3機種であり、今回のが4機種目になる。

　このF25はそれまでの同社機とも他社機とも設計の異なるもので、フィルターアンプとラインアンプをユニット化し、それをプラグイン式としたものだ。これにより標準仕様では2ウェイだが、アンプユニットを増設することにより最大4ウェイまでに対応できた。もちろん同時に性能も一段とアップは言うまでもない。それに、ぼくのシステムは3ウェイだったが、でもこれがあればいつでも4ウェイにチャレンジ可能というメリットも無視できなかった。

　さらにアキュフェーズからは同じ1992年に、セパレート型CDプレーヤーの第2作「DP90＋DC91」が登場。ぼくは6年間使っていた従来機をこれに替えた。CDプレーヤーにとってこの頃の6年間は、驚くばかりの成長ぶりを見せていたのだ。

　先に、CD登場から4年目ぐらいの時点で、市場には、コンポーネント型に限った日本製ＣＤプレーヤーが約１５０機種。海外製が10機種程度あると申し上げたが、それからさらに6年経過したこの１９９２年の時点では、日本製は約70機種程度に半減。当初の「雨後の竹の子」状態が一段落し、淘汰されながら安定期に向っていたと見ていいだろう。ただし逆に、海外製は40機種前後と増加していた。

トゥイーターの入れ替え

この年に、ぼくのシステムでもう1機種入れ替わったのはトゥイーターだった。

ぼくのトゥイーターは、１９８１年に片側4台重ねにして以来ずっと使いつづけてきた、パイオニアのリボン型トゥイーター「ＰＴ-Ｒ７」（84年にベリリウム振動板のⅢ型に替えたが）で、これにとくに大きな不満はなかった。だがその年（１９９２年）の末になって、突如、ニューブランドのリボン型トゥイーターがデビューした。これは現在でも最新仕様機が現役なのでご存じの方も多いと思うが、ＧＥＭのブランドを掲げたＴＳ２０８というモデルだ。

同機はきわめてオーソドックスなリボン型で、振動板は手折りの襞を入れたアルミ箔製。これに強力な磁気回路とショートホーンを組み合せたものだが、ＰＴ-Ｒ７に比べるとかなり大きく、リボンの面積は2倍近い。これを片側1台ずつで、試しにと、4台重ねしたPT－R7と入れ替えてみると、これがなかなかいける。

それまでのPT－R7は3kHzか4kHzあたりから使っていたが、このカットオフ周波数はそのままで鳴らした。すると、高域に対して「音が厚い」と言うのも妙かもしれないが、仮に聴感上のレベルを少し抑え気味で聴いたとしても、間違いなく厚みや量感が増し、したがって音色感を意識させる高域になるのだ。言葉を換えれば、空気が小刻みに震えていることを感じるだけではなく、もっと音としての実体感があるとも言える。かくして長年にわたり愛用してきたPT－R7と決別することになった。

でも、結局それだけには終らなかった。当初はそのTS208を片側1台で使っていたのだが、PT－R7は小さいとは言え4台重ねで使っていたことから、これも2台重ねで鳴らせばさらに魅力アップのはず、との思いは当初からあった。でも当面は1台でいいと思っていたのだが、その我慢は1年もつづかず、翌年の暮れにはあと1台ずつ追加して、2台重ねにした。

すると当然、PT－R7で体験したときと同じく、垂直方向の指向性が鋭くなり音が拡がらない。

でもこれは予想していたことなので、2台を垂直にではなく角度を付けて重ねるため、重ねた手前のほうだけに差し込む薄い板を用意していた。これを1枚差し込んで試し、もう少しと思ったらさらに1枚、というわけだ。ところがPT-R7のときは割合にうまくいったのに、今回はどうやっても納得のゆく雰囲気のよさにならない。PT-R7より、音としての存在がたしかだからなのかもしれない。

もっとも、単に2台の角度を変えるだけではなく、同時にタイムアラインメントも気になるので、ユニットを少し前後に移動させてみたり、あるいはグライコの設定を変えてみたりがともなうのだから、気にすればするほど、音は妙な方向に行ってしまうなど度々のことだ。

2台のトゥイーターの結線も、はじめはパラレルで鳴らしていたが、これもシリーズ接続にしてみたり、また戻したりしてみたが、なぜか、どうしても気に入る音にならない。曲によって妙に部分的な音のつながりが悪かったり、あるいは気になる強調感があったり、さらにグライコ操作との馴染みが妙に悪かったり、等々なのだ。

こんなことがときには数ヵ月もつづいたりするわけだから、仕事が暇なときほど疲労が増し、病気にでもなったように、1日か2日は寝込んでしまうこともあった。以前のようにリビングルームの一隅を使っているのなら、こんなことはあり得ないのだが、一人だけになれるリスニングルームはそのてん危険だ。

でもそこで、もしやと思い試しにとやってみたことが結果的には成功した。それまでは、PT-R7のときへの拘りもあってか、2台のトゥイーターの中心が手前に張り出す角度の付け方しか考えなかった。だが試みに、2台の中心が逆に奥へ引っ込むような重ね方を試してみた。

もちろんここでも、角度をいろいろ変えてみたり、位置を微調整してみたり、あるいは結線をパラレルやシリーズに変えてみたりと、また同じようなことの繰り返しがつづく。しかし、それが何故なのかは未だに分からないのだが、今度は少し音の反応が違う。トゥイーターの持ち味のよさが素直に活かされる感触があるのだ。

結局、2台のトゥイーターは最初に頭の中で描いていた角度より、もっと中心が奥に引っ込んだ、深い「く」の字型の状態で決まった。接続は何度も試した結果、パラレルではなくシリーズ結線に決定。こうしたことにまた数ヵ月を要したわけだが、でもまだ2台のトゥイーターは板片を挟んだりしたようなバラック状態。これを精密で強固なアルミ製の部材に替えなくてはならない。

そのアルミ製パーツができ上がり、トゥイーターの組み立ては完了。さらに銀色のリボンが目立ちすぎぬよう、木枠に薄くて透過度の高いネット状の薄布(材料は女房のパンスト)を張ったグリルを自作して取り付け、ようやく片側2台のTS208による高域システムが完成した。この間1年ほどかかったが、同時にリボンのエージングもすでに十二分の状態になっていた。

高域用のアンプは、パイオニアのPT-R7をマルチアンプで使いはじめたとき以来、同じパイオニア製に拘ってエクスクルーシブ「M4」を使いつづけてきた。でも、その拘りはもう無意味になったし使いはじめて20年近くにもなることから、この機会に替えてみたくなり、以前から気に入っていたクレルのKSA50Sにチェンジ。これもピュアAクラスで50W+50Wの出力なので、マルチアンプの高域用には最適の1台と思っていたのだ。

吹きはじめたアナログ復帰の風

我が家のサウンドチューニングに、個人的なチャレンジの意味があったにしても、それをCD中心のような進め方をしてきたほどだから、もはやオーディオ界でのプログラムソースの中心は、完全にCDに置き換えられていた。しかしCD誕生の当初は、5年でアナログレコードは世の中から姿を消すとも言われていたのだが、そんなことはなかった。

たしかにアナログレコードの新譜は例外的にしか現われないようになり、レコード屋さんの店頭はほとんどＣＤで占められ、アナログ盤は奥のほうの片隅に追いやられた。ぼくの部屋でも次第にＣＤの進入が目立つようになってきたが、だからと言ってぼくのアナログレコードが数を減らすことはなかった。でも、ごく稀にしか数を増すことがなくなったのは事実だ。

前記したようにぼくは、サウンドチューニングのウェイトをあえてＣＤに置いたことにより、ＣＤから楽しめる音を得ることにほぼ成功した。と同時に、それはＣＤの音とアナロググレコードの音を好ましい方向に接近させ、結果として、楽しめる手持ちアナログ盤の数を格段に増加してくれた。ＣＤのお陰でぼくのアナログ再生は、ますます楽しさを増していったと言える。そんなぼくのアナログ再生に、一つの試作モデルが実に新鮮なショックを与えた。

それは１９９５年に入った頃だったと思う。以前からトーンアームなどのアナログ関連機器を造っていたオーディオクラフトが、意欲的な独立フォノ（イコライザー）アンプを開発した。言うまでもないがカートリッジの出力信号は、そのままプリアンプ(ラインアンプ)に入れるには出力が小さすぎるため、まずフォノアンプで増幅する必要がある。

主力となるプログラムソースがアナログレコードだった頃は、プリアンプにはそのためのフォノ回路内蔵が常識だった。だから独立したフォノアンプの必要はなかったし、現にその時代には、民生用の独立フォノアンプなど商品として存在しなかった。

だがCD中心の時代になるにともない、内外からフォノ回路を内蔵しないプリアンプ（ラインアンプ）が登場しはじめた。と同時に、それらのアンプでアナログも聴きたいという人のために、単独のフォノアンプも姿を見せはじめる。値段は日本製品の場合5〜6万円から10万円ぐらいが一般的で、上は30〜40万円あたりまでだった。アナログ好きの人の中には、自分が使っているプリアンプの内蔵回路より、音がいいのではないかと購入する方もおられたが、でも例外的と言ってよかった。

ぼくも、アナログ再生にプリアンプの内蔵フォノ回路を使うのは当然と思っていた。現に1978年以来ずっと愛用している、マークレビンソンのプリアンプ「LNP2L」の内蔵フォノ回路を使いつづけていた。もちろんそれ以前のマランツ7にしても、マッキントッシュのC26にしてもみな同じだ。と言うか、むしろ、プリアンプのよし悪しは、内蔵フォノ回路の魅力で決まると考えていたとも言える。本気で鳴らすのはアナログレコードのみだから、プリアンプとはそのためのコンポーネントと考えていたわけだ。

オーディオクラフトが聴かせてくれたフォノアンプはまだ試作機の状態だったが、疑心暗鬼で鳴らしてみて、ぼくはその音の見事さに驚嘆した。ぼくが使ってきたLNP2Lにしてもマランツ7にしても、あるいはC26にしても、この音と比較して、いずれも音づくりの巧みさをはじめ、情感に訴える優雅さや肉感的な艶かしさや、さらに凛とした佇まいのよさ等々で劣るところはないと言っていい。だが完全に太刀打ちできないのは、演奏の実体感の違いだ。細部にわたる描写の精度が圧倒的に高いし、それが単に点描画のようにではなく、躍動感やうねりの感触などが、これまで体験したことのない立体感とリアリティで眼前に展開する。それは、味わいがどうとか言った次元を完全に凌駕しているものだった。

ぼくはしばらく言葉が出ず、ただ何枚ものレコードを次々に聴いた。

惚れ込んだ音、最後の製品デザイン

考えてみればアナログレコードがプログラムソースの代表だったのだから、音のいいシステムのためには、まずプレーヤー系をしっかり固め、次に重要なのは、微小な出力信号を受け取るフォノ回路の充実だったはずだ。ところがそれがプリアンプの一機能（付属機能と言っていい場合もある）として扱われ、例えば電源も特別扱いはされず他の回路と共用なのだから、リアルな音のよさ追求にもおのずと限界がある。そのため数々の名機と呼ばれたプリアンプの内蔵フォノ回路も、演奏のリアリティを追うには限界があることから、マジシャンのような熟練の設計者達が手腕を発揮し、それぞれ独自の官能的な音の世界を生み出してきたのではないだろうか。

もちろんそれらはいずれも、特有の味わいや感触により聴き手を魅了するものだった。だが専用の独立筐体をもち、さらに専用の電源や、一般的なハイグレードアンプ用の枠を超えた、超高精度パーツなどで構成したこの試作機での再生は、過去の名機たちの再生をはるかに凌駕するリアリティであり、かつ、限りなく新鮮なものだった。

フォノアンプ（回路）は、フォノイコライザーアンプとも呼ばれるように、微小信号の増幅のみでなく特殊なイコライザー回路も持っている。アナログ盤のカッティングは、広帯域な信号のカッティングを容易にするため、低域方向のレベルを圧縮する「ＲＩＡＡ」と呼ばれるイコライザー回路を通している。したがって再生時にはこれをフラットな信号に戻すため、「逆ＲＩＡＡ」のイコライザー回路を通すわけだ。

しかしＲＩＡＡカーブは微妙にうねった特性を持つため、そっくりの逆ＲＩＡＡカーブを持つ回路造りは容易ではなく、どうしてもその間に避けがたい偏差が生じてしまう。ある意味では、前記したマジシャン達が腕を発揮する要素が、そこにあったとも言えるわけだ。だがこの試作機はマジシャンに頼るのではなく、高精度を要する医療機器用などでも知られる、米国ビシェイ(Vishay)社製の高価な電子部品を投入した。それに当然、専用電源部も搭載した、きわめて充実度の高いものだった。

ぼくがその音にすっかり惚れ込んでいると、その設計者は「気に入っていただけたのなら1台さしあげますが、それには一つお願いがある」と言う。まだ外装は何もできていないので、そのデザインを頼みたいというのだ。でもぼくは、とっくにデザイナーを諦めていたので、「製図用具すらないので無理」とお断りした。すると「パネル面には電源スイッチしかないシンプルな設計なので、図面はなくてもスケッチだけで結構」と言う。それを見て図面をおこすから、あとはその数値を手直ししてくれるだけでいい、というわけだ。

それでいいのならばと、ぼくはひさびさにレンダリング（現在のＩＴ用語のレンダリングとは違い、手描きによる彩色精密立体デザイン画のこと）に挑戦することになった。そしてこれがぼくの最後のデザインになった。

間もなくＰＥ６０００のモデル名で登場したそのフォノアンプは、薄型のパネル面に電源スイッチとインジケーターしかないシンプルなものだったが、レンダリングだけで造ったにしては上出来だった。だが、それ以上に気に入ったのは、試作機のときよりさらに魅力を増したサウンドだ。プリアンプのＬＮＰ２Ｌはその後も使いつづけたが、内蔵のフォノ回路はもうまったく使う気がしなくなった。ただし同機の価格は、当時の日本製フォノアンプとしては圧倒的に高額で、１２０万円を超えていた。

その頃になってこのような製品が登場するというのも、それなりの根拠があった。世の中はまさにＣＤ全盛にちがいなかったが、アナログ好きのオーディオマニア達にとっては、いい音になったとは言っても頼りきることはできず、改めてもう一度アナログ再生に挑戦の気運が、じわじわと盛り上がりつつあったのだ。これは日本ばかりでなく欧米各国などにおいても同様で、どの国でも中古のアナログレコード店が次第に繁盛するようになりはじめた。

デジタル技術の発展。だがぼくは……

ＣＤによるオーディオ業界の発展と同時に、デジタル技術はプログラムソースに限ることなく、オーディオのあらゆる分野に拡がっていった。デジタル電源やデジタルアンプが登場しはじめたのはすでに何年も前だったが、でもそれらはクォリティの面で容易にハイエンドオーディオ機器の仲間には入れず、ＳＲ用としてじわじわ浸透しつつある程度だった。ましてやぼくの場合、ことにパワーアンプに関してはＤクラスどころか、一段とＡクラス機指向を強めつつあった頃だから、デジタル電源にもデジタルアンプにも、まったく興味がなかった。

その頃のぼくのシステムのパワーアンプは、高域用がまだ使い始めて2〜3年目のクレル「KSA50S」。中域用が1983年に、それまで低域用だったものを中域用にチェンジした、マークレビンソンの「ML2L」。言うまでもなくどちらもピュアAクラス回路を売り物にしたアンプだ。

ただし低音用だけは先に申し上げたように、それまで受け持っていたML2Lが、CDを鳴らすようになってからパワー不足を感じるようになったため、苦肉の策として当面だけのつもりで使った、ケンウッドのプリメインアンプ（実際にはAB級のハイゲインパワーアンプだが）「L02A」が、依然としてその席にあった。音色にダンピング感が欲しいアルテックのウーファー「416A」用として、そのダンピング感がピッタリだったのだ。

もちろん、システムとして不釣り合いな組合せであることは自分でも意識していた。ところがある日、ついに編集部からクレームが付いた。「先生のシステムを誌上で紹介するとき、低域用アンプがプリメイン型では様にならないから、何とかなりませんか」と。

それ以前からステレオサウンド試聴室のリファレンスアンプ類は、アキュフェーズの最新モデルを中心にしていたので、何度かそのアンプを家に持ち帰ってウーファーを鳴らしてみたことはある。もちろん悪くはない。だがぼくが拘ってきた416Aに対する、肉厚だが弾力性に富んだ鳴り方に関しては、L02Aのほうに分があるのだ。とくにピュアAクラス機として人気を集めたアキュフェーズ「A50」には、ぼくも大いに期待したのだが、しかしこれも満足できるとは言えなかった。

たしか、20世紀もそろそろ終末が見えはじめた1998年ごろのことだ。従来機のアキュフェーズ「A50」が新しい「A50V」にマイナーチェンジされ、試聴室のアンプもこれに入れ替わった。その音を聴いてぼくは「これだ」と感じた。試聴室で聴く音もA50とはかなり雰囲気が違って、明らかに弾力性に富んでいて音楽的に雄弁なのだ。それに低音方向でのダンピング感がいい。もちろん早速、試聴室のすきを見て我が家に持ち込んだ。結果は予想どおりだったので、新しいA50Vは直ちに我が家の低域用アンプの座についた。かくして以来、ぼくのシステムのパワーアンプはすべてピュアAクラス機となり、省エネ時代に反して高熱を発しつづけている。

ちなみにL02Aが我が家の低音を受け持つようになったのは1983年からだから、実に15年間も、この不自然な組合せから抜け出せなかったわけだ。

デジタル化を心から歓迎した機器

と言ったように、ぼくはアンプに関しては、どうしてもデジタル回路を歓迎する気持ちにはなれなかった。すでに海外では、ＳＲ用ばかりでなくHi Fiオーディオ用として評価されるモデルも、目に止まるようになってきたが、でもぼくのオーディオに取り込む気にはならなかった。

しかし、デジタル化はすべて否定なのではない。むしろデジタル化を心から歓迎した機器もある。その一つは、ぼくが人に知られぬよう隠してまで使いつづけていたグラフィックイコライザー（グライコ）だ。そしてもう一つはマルチアンプ方式に欠かせないチャンネルデバイダー（チャンデバ）である。

その時点でぼくの部屋のグライコ用隠し戸棚に入っていたのはアキュフェーズの「Ｇ１８」で、１９８５年以来すでに12年も使いつづけた。これは可変素子数が33バンドもありクォリティも高かったのだが、言うまでもなくアナログ回路なので、使いこなしの操作にはきわめて慎重を要するものだった。

デジタル化したグライコはすでに数社から登場していて、そのいくつかを試してみる機会もあった。たしかにどれもアナログ機にはない使い易さなどはあるのだが、でも何処か玩具っぽい雰囲気だったり、クォリティ感に欠けていたりなどで、どれも手を出さずじまいだった。そこに現われたのがアキュフェーズ初のデジタルグライコ「DG28」だ。

もちろん同機もオートマチックなフラット音場創成機能を持っていて、それが売りの一つだったが、ぼくの狙いはそのフラットな音場をベースに、後は自分の感性で好みの音場特性に仕上げることだ。そのてん同機はオクターブ6分の1刻みで計54もの可変ポイントを持ち、しかもレベル可変は0・5dBステップだし、設定したそれら数値のメモリーも、もちろん可能だ。

先に、ぼくが最初に本気で使う気になったグライコは、テクニクスの「SH8065」だったと言った。でもいま考えてみるとそのSH8065も、その後のアキュフェーズ「G18」も、本気で使う気になって格闘したのだが、しかし、思うように使いこなすことはできなかったと言うのが正しい。あの程度の可変素子数や可変の精度。それに復元性の信頼度などにも乏しい機能や設計では、とても使いこなして自分のサウンド確立に役立てるのは無理なことだったのだ。でも新しいDG28でなら、今度はきっとそれが可能と思った。ちなみに以来、例の「グライコ隠し戸棚」はカートリッジなどの小物入れに替わり、新しいDG28は蓋のないラックに堂々と納まった。

ぼくがデジタル化を歓迎したもう一つの製品はチャンデバだった。チャンデバの働きの基本は、帯域分割と分割した各帯域のレベルコントロールだが、これだけにしてもアナログ機には制約があった。３ウェイとか４ウェイといった分割数は設計規模の問題なので別にするとしても、アナログ機ではクロスオーバー周波数の選択にも限度があり、例えばこれまで使っていたアキュフェーズ「Ｆ２５」の場合は21ポイントだが、これでもかなり多い部類だ。それに対し同じアキュフェーズのデジタル化されたニューモデル「ＤＦ３５」では、カットオフポイントが実に59ポイントもあって、ハイカットもローカットもこの中から自由に選ぶことができる。加えてスロープ特性も⊖48dBや⊖96dBといった急峻なカーブまである。もちろんぼくのチャンデバも直ちに同機に入れ替わった。

チャンデバは当然クォリティの高さが大切だが、と同時に、自在に使いこなせる多機能性が重要なのだ。そのてんで従来のアナログ機は、新しいデジタル機にまったく太刀打ちできないと言っていい。ぼくのマルチアンプシステムは、その時点でスタートからすでに20数年が経過し、「それなりに結構いい音が聴けるようになった」のようなことは口にしたりもするが、しかし本当にそうなりはじめたのは、チャンデバやグライコがデジタル機に入れ替わってからだ。

それでもぼくは、アンプなどの増幅系にデジタル回路を参入させる気にはならなかった。

SACD誕生とアナログ指向の高まり

先に、CD時代が全盛期を迎えはじめた頃、なぜかアナログ復帰の風が吹きはじめたと申し上げたが、それには理由があった。ぼくは当初CDには馴染めず、言わばCD不信感が強いタイプのオーディオマニアだったのだが、同時にオーディオ筆者の一人でもあったので、容易に無視や否定はできなかった。それよりむしろこの機会に、自分のアナログ再生を改めて振り返ってみる意味もふくめ、積極的にCDを聴く姿勢をとった。それがぼくのオーディオにとって極めて有益な結果を生んだことは、すでにお話しした。

しかしぼくと同様に、なかなかCDになじめないオーディオマニアの中からは、単なるアナログ復帰ではなく、CD否定論とも言うべき意見が育ちはじめた。曰く「CDの音が味気ないのは、フォーマットで帯域を20Hz〜20kHzとしているからだ。とくに高域が20kHzまでしか入っていないのが致命的」と。

ではアナログはと言うと、これも20kHzまで入っていればいいと言われてはいたのだが、でも20kHzでカットしているわけではないから、耳には聞こえないとしても信号としては入っていて、それが再生の質感を高めている。それなのにCDは、20kHzでスパッと切られているから駄目。やはりアナログのほうがいい、と言うわけだ。

実はこの意見はＣＤ誕生の頃からあり、その後、対応としてＣＤプレーヤーで倍音成分を付加したり、サンプリング周波数を工夫したりしてきたが、やはり決定的な対策にはならず、結果として、むしろそれがアナログ派の追い風になったとも言える。

そんな問題への対抗策として開発されたのが、１９９９年にデビューしたＳＡＣＤ（スーパーオーディオＣＤ）だ。もちろん従来のＣＤと比較すれば、さまざまな面で優れた性能を持つわけだが、とくに問題の高域特性は１００ｋHzを確保するもので、もはやアナログに及ばないものは何もないと言ってよかった。

ただし、この機会にディスクからのデジタルコピーを防止する意味で、ＳＡＣＤ信号に限りプレーヤーからのデジタル出力が禁止されたのはご存じの通りだ。

ＳＡＣＤプレーヤーの先陣を切ったのは、開発メーカーの1社であるソニーで、デジタル信号が引き出せないことから、一体型で設計された「ＳＣＤ1」がそれだ。もちろんぼくも新しいＳＡＣＤに期待を抱いて、さっそく同機を使いはじめた。たしかに音は悪くない。だが同時に、期待していたほどの大変身でもない、というのも正直な印象だった。その結果として皮肉な話ではあるが、逆にアナログ復帰の流れが、わずかずつでありながらもより強まりはじめたという一面も生まれた。

でもぼくはそのとき思った。アナログかCD（SACDも含めて）かの問題は、単に音質の話ではないのではなかろうかと。

デジタル化されたグライコやチャンデバを積極的に使い、きめ細かいサウンドチューニングに夢中になっていたぼくは、その結果、状態のいいディスク同士ならプログラムソースとしてのグレードは、CDとアナログとにそれほど大きな違いはないと思うようになっていった。もちろんまったく同じとの意味ではないし、それに例えば「ハイクォリティ」という意味だけに拘って言えば、CDのほうが上だとも思った。

では、使い易さや利便性の面では圧倒的にすぐれているCDに対し、なぜ否定的な意見や、あるいはアナログ復帰の現象が生まれるのかだ。そこで気が付いたのは、音の問題より、その使い易さや利便性の高さが問題なのではないかということだった。

プログラムソースも含めて、オーディオ機器は音楽を再生するための道具ではあるが、でもオーディオマニアの専用品ではない。もっと多数を占める音楽ファンが第一のターゲットだ。ところが、それより少数派のオーディオマニア達は、音楽が単にそこそこの音で聴けるだけでは満足しない。求めるのはあくまでも原音そっくりとか、あるいはそれを超えるクォリティであり美音であり、しかも多くのマニア達は、その音を自分の腕で生み出したいと望んでいる。自分が腕をふるって優れた音を得ることが目標であり楽しさでもあるのだ。

そのためにアンプから自作する人もあれば、ぼくのように機器の組合せや、それらの使いこなしに熱中する者も多い。となると利便性の高さはその使いこなしの余地を奪うことになり、自分だけの優れた音を得るために腕をふるう楽しさを、失わせるのではないのだろうか、と。

ことにアナログ再生でのプレーヤーまわりに関しては、使いこなしの腕をふるう絶好のステージのようなものだ。トーンアームやカートリッジの性能をフルに発揮させる各自の秘策はもとより、ディスクの掛け替え一つにしても人それぞれに流儀がある。必ずターンテーブルを停止させ、ディスクを慎重に取り上げる人もいれば、逆に回転したままのディスクのエッジ部分に両手を添えて、スッとターンテーブルから持ち上げ、そのままクルッと盤を裏返してB面をかけるタイプも。ぼくは後者のタイプで、いちいち回転を止めている人を見ると「あんなことをやっているようでは、いい音が出せるわけない」などと、密かに思ったりする。

もちろんそれはジョークなのだが、要するにディスクの掛け替え一つにも、使い手の個性を感じさせる使いこなしの余地があるわけだ。ましてやプレーヤーの性能を十二分に発揮させるとなると、結果は使い手の腕次第とさえ言え、まず、それにチャレンジすることが、オーディオマニアにとっては「序曲」のようなものなのだ。ところがCDプレーヤーには、その序曲がない。

そうしたこともあってか、アナログ指向の風潮はその後も衰えることなく、もちろんぼくのオーディオにおけるアナログ熱もますます高まりつつ、21世紀が間近に迫ってきた。

ぼくのオーディオにとって、20世紀の最後を飾るニューモデルの一つとなったのは、アキュフェーズのCDプレーヤー「DP100＋DC101」だった。もちろんSACD対応機だが、禁じられていたデジタル出力も、他社機との接続が不可能な方式ならOKだったので、これを活かしたSACD機初のセパレート型として登場したものだ。

SACD機はソニーの一体型SCD1を使っていたのだが、長年セパレート型に馴染んできたこともあってか、一体型では何となく物足りない、といった理由が正直なところだ。でもこれは、趣味の道具にとっては相当に重要なことでもあるのだ。何となく本気になれない機器から、本気になれる結果など絶対に得られないのだから。

その意味でも、これならいいと思って決めたアキュフェーズのセパレート型ではあったが、しかし前記のようにSACDに関しては、例えば試しに他社のD／Aコンバーターとつなぎ替えてみよう、といったような楽しみ方は禁じられてしまった。ぼく自身はほとんど取り組んだことはなかったのだが、プレーヤー部とコンバーター部との他社機組合せという、C

Dプレーヤーにとっては唯一のとも言えた使いこなしの余地も、SACD機からは失われてしまったわけだ。

LNP2Lを引き離す

ところで21世紀を目前にした2000年に、ぼくがニューモデルと入れ替えたものがもう1機種あった。それは1978年以来22年間も愛用してきた、マークレビンソンのプリアンプ「LNP2L」である。

LNP2Lはかつて、事実上マークレビンソン・ブランドの誕生を世界に告げたとも言える名作だが、生産はすでに何年も前に終了していた。その間に同社自体もマドリガル社の傘下となり、さらにハーマン・インターナショナルのもとに移るなどの紆余曲折があったのはご存じの通りだ。といったような事情からと思うが、マークレビンソンのブランドによるプリアンプは引きつづき登場していたものの、それらはいずれもLNP2Lの後継にふさわしいと誰もが認める力作ではなかった。

そんなことから1996年以来、前記したように内蔵フォノ回路を使わなくなってからも、ぼくのシステムを統括する立場のコントロールアンプとして、ＬＮＰ２Ｌを手放すことはできなかった。たしかに当初は内蔵フォノ回路の魅力が大きかったのだが、それ抜きで使うようになっても、フラットアンプ自体に絶妙な風合いのよさがあるし、それにコントロールアンプとしての、手に馴染む使い心地のよさも実に捨てがたいもので、まるで我が家のシステムの主と言うかシンボルとでもいうか、そんな存在にさえなっていた。

すでにマークレビンソンの名も単にブランドとして受け継がれているだけでもあったので、別に拘ることもなく他のプリアンプに乗り換えてもよかったのだが、しかし何故かその気にはならなかった。

そんなとき、発表は１９９９年だったと思うが、ハーマン・インターナショナル傘下のマークレビンソンから、リファレンス・シリーズ機と銘打ったプリアンプ「№３２Ｌ」が登場した。マークレビンソンの名も、もはやブランド名だけの継承とは思いながらも、リファレンス・シリーズと言われるとやはり気になるもので、例により我が家でＬＮＰ２Ｌと入れ替えて聴いてみた。

予想どおりプリアンプとしての性格はかなり異なる。従来機が、その音の個性的な持ち味でシステム全体をまとめるタイプとすれば、№３２Ｌは強いて言えば無個性。システムを本機の音の持ち味で聴かせるのではなく、システムを構成するそれぞれの機器の、本来の持ち味を極力そのまま発揮させるタイプと言っていい。要するにシテスム全体の音の面倒は、殆どみてくれないのだ。その代わり各機器それぞれの特徴や持ち味は存分に発揮させる。だからぼくのシステムは一瞬にして、実に様々な音を聴かせるまとまりのないシステムになった。

ただし、その音一つひとつの鮮度感やリアリティの高さは、まさに申し分なしなのだ。でありながら全体の音楽的なまとまりや、種々のプログラムソースに対する適応性などはあまりなく、気に入らないところは自分で何とかしろと言わんばかりなのだ。

考えてみれば、ぼくがまだ荻窪にいた頃までは、新しい機器に接してそれまでとは異なる音に出会えば、理屈抜きでそれをいい音と決め込んでいたものだが、今回に関して言えばけっしてまとまりのあるいい音にはなってはいない。だが、これまでぼくのシステムからは聴いたことのない、生き生きとした音の息吹がある。

まとまりの悪い音をまとめてゆくのは、この20年ほどの間に、ぼくにとってオーディオの面白さの中心になっていたとも言えることなので、自分でも驚くほどその気になった。以前の、あえてCDをメインに据えたサウンドチューニングが、ぼくのオーディオを確実に一段向上させてくれたように、今度は、まるで身内の一人のようになっていたLNP2Lを、あえて引き離すことが必要なのではないかと思ったのだ。

思い返してみれば以前、マランツ7を現在のLNP2Lにチェンジしたときは、今回のような「よし、やるぞ!」といった意気込みはなかった。単に、マランツ7をLNP2Lに替えることで、より繊細で滑らかな美音が楽しめるようになると期待し、信じたからのことだった。でも今回は、自分で取り組むことへの意気込みと覚悟があった。

20数年にわたり使いなじんできたLNP2Lが№.32Lに入れ替わったのは、新世紀を目前にした2000年になってからだ。ぼくと同じように長年LNP2Lを愛用しつづけてこられた方々の何人かからは、「裏切り者!」のひと言を頂戴した。でもぼくはそれを、声援と受け取らせていただくことにした。

閑話4

ヘンデルの話

ヘンデルの怒り

ぼくは「ヘンデル」という名の犬を飼っている。名前の由来は言うまでもなく、ぼくがヘンデルの曲を好きだからに他ならない。学生の頃にも「ブル」と名付けた雑種の中型犬を飼ったことがあったが、ヘンデルはそれより大きい「ラブラドール・レトリーバー犬」の雄だ。ラブラドールには盲導犬や介護犬などでお馴染みの、「イエロー」と呼ばれる白っぽい毛色と、黒一色の「ブラック」がよく知られている。だが、ぼくのヘンデルは「チョコレート」と呼ばれる、ぼくの好きなビターチョコと同じ焦げ茶色で、ラブの中では少数派だ。飼いはじめたのは2004年の正月からだったが、娘が嫁に行って家の中が静かになったことなどから、ひさびさに犬が飼いたくなってきたわけだ。

ぼくはラブラドールのことはあまり知らなかったが、飼いはじめてみるとこの犬種の、ペットとしての素晴しさには驚かされることばかりだった。以前に飼っていた「ブル」もかなり頭のいい奴だと思っていたが、ラブラドールの知能の高さや性格のよい飼いやすさは、それをはるかに抜きん出ていることが、次第に分かってきた。

以前の犬もそうだったが、ぼくは犬を飼うといっても、例えば芸を仕込むと言ったことはほとんどせず、もちろんコンテストで賞を取ろうと思ったりもしない。だから別に何も仕込んだり教えたりはしないのだが、でもヘンデルは特に教えなくても、一度言われたことはそれだけで覚えてしまうといった感じなのだ。

それに仔犬の頃からまったくと言っていいほど無駄吠えはしないし、外で出会う猫やカラスなど、他の動物に対しても敵意を示したりはしない。もちろん他の犬に対しても同様で、メス犬ばかりでなくオス犬に対しても、道で出会ったりすれば尻尾を振って挨拶に行く。ときには相手が気難しい犬だったりして、「ウォー！」と脅かされたりすることがあっても、けっして敵意を示したりはせず、スーッと体をかわして何もなかったかのように離れ、以後は同じ犬に出会っても知らん顔で近づこうとはしない。

だがある日、生け垣に囲まれた草地でリードオフにしていた、近所でも評判の悪いオスの柴犬との出会い頭に、いきなり「ガブリ」と鼻の先を噛みつかれた。このときだけはヘンデルもかなり興奮して、逆にアッと言う間に柴犬を地面に押し倒し、相手の首の内側をガブリとくわえた。ここは頸動脈が通る急所なので、ヘンデルが本気で噛みつけば柴犬は致命傷を負うことになるのだが、ぼくが駆け寄ってヘンデルの口を開こうとしてみると、ヘンデルは本気で噛みついてはいない。口を開けて相手の首を地面に押さえつけているだけなのだ。そこで相手の飼い主に「犬を引き離せ！」と言って、2匹を引き離した。

柴犬は狂ったように吠えたてて、ヘンデルもさすがに「ウーッ」と唸っていたが、でも2匹とも特に怪我をした様子もなかったのでそのまま別れた。ところが家の近くまで来てよく見ると、ヘンデルの鼻の横のほうから少し血がたれている。だが傷は小さかったので、医者に連れて行き消毒をするだけで済ませ、家も知らない相手には何も言わなかった。

ところがそれから1ヵ月ほど後のことだ。ヘンデルを連れてその生け垣で囲まれた草地の外を歩いていると、突然ヘンデルが凄い形相になって「ウォー」と唸りながら、ぼくを引きずるようにして生け垣の入口から中に入ろうとする。引きずられるように中の草むらに入ってみると、そこに例の柴犬がいて、おびえるように唸りながら牙を剥いている。ヘンデルはかまわず一気に飛び掛からんばかりの様相なので、ぼくは全力でリードを引き「ヘンデル！ ストップ」と怒鳴った。ヘンデルはその場に立ち止まったが全身をブルブルと震わせ、「飛び掛からせてくれ」とぼくのほうを振り向く。その間に柴犬は別の出口から草地の外に連れ出された。ヘンデルはしばらく興奮が収まらない様子だったが、やがて相手がいなくなったことを確認して、いつもの柔和な顔つきにもどった。

少しぐらい気難しい犬に出会って「ウォー」と脅かされたりしても、以後はその犬に近づかないようにするだけのヘンデルだったが、ほんのわずかではあっても傷を負わされたことだけは許せなかったのだろうか。ヘンデルが後にも先にも、たった一度だけ見せた本物の怒りの表情である。ヘンデルはやっと3歳になったばかりの頃だが、もう仔犬ではなく、体重が35kgもある堂々たる成犬になっていたのだ。

子守をするヘンデル

ラブラドールは盲動犬や介護犬などでよく知られている。もちろんこれは、２歳から４歳まで２年間にもわたる徹底した調教の成果でもあるのだが、と同時に、それに加えこの犬種の性格が極めて穏やかで順応性に長けていること。さらに知能が高く、もの覚えや判断力に優れていること。それにほどよいサイズの大型犬であることや、でありながら顔立ちは極めて柔和で、周囲の人達に恐怖感を与えないなど、盲動犬や介護犬などにふさわしい条件を備えているからに他ならない。

だがこれ以外にもう一つ。ラブラドールは人間の世話をしたいという、本能的な性格を持っているからだとも思うのだ。とくに人間の子供が好きなことはよく知られているが、好きなだけではなく好んで面倒をみようとさえするのである。

ヘンデルがまだ５ヵ月ぐらいのことだ。嫁に行った娘に男の子が生まれた。ヘンデルとは５ヵ月ちがいの弟である。家がそれほど遠くないことから、娘は折りある毎に赤ん坊を連れてやって来る。もちろん女房は孫にベタベタ。ヘンデルもはじめて見る人間の赤ちゃんに興味があるらしく、不思議そうに眺めたりしている。

たしか7月に入った頃だったと思う。ということは孫は生後3ヵ月と少々。いっぽうヘンデルのほうは8ヵ月を過ぎ、体重はすでに30kgを超えていたから、ほぼ成犬並みに近いサイズだ。

ぼくが洗面所で手を洗っていると、リビングルームから孫の「クシュン、クシュン」という半ベソのような泣き声が聞こえる。リビングの戸を少し開けて隙間から覗いてみると孫はソファーの上に一人で寝かされている。二階の女房の部屋からは娘との話し声が聞こえてくる。要するに、一人ほうっておかれた赤ん坊が目を覚まし、クシュン、クシュンとベソをかきはじめたわけだ。

あきれた奴らだな、こんなところに赤ん坊を置きっぱなしにしてと、戸を開けて部屋に入ろうとしたとき、寝ていたヘンデルも赤ん坊の泣き声に気づいたらしく、起き上がって孫のところに行った。どうするのだろうと、ぼくは戸の隙間から成り行きを見ていると、ヘンデルは泣いている赤ん坊をしばらく見ていたと思ったら、今度はすたすたと自分の玩具箱のところに急ぎ、一番好きなボールを一つくわえてきた。

これは硬くて弾力性の強い樹脂製で、野球ボールほどの大きさなのだが、単純な球体ではなく大きくうねった太い溝状の彫り込みが一周している。そのためヘンデルがボールをポトンと床に落とすと、真っ直ぐ跳ね返るのではなく予期せぬ方向に弾んでゆく。ヘンデルはこのボールの動きに瞬間的に反応して追いかけるのが面白いらしい。

ヘンデルは、ソファーの上でまだクシュン、クシュンとベソをかいている赤ん坊のところまでゆくと、そこでボールを口からポトンと落とした。ボールは床で弾んでポンポンとあらぬ方向に転がってゆく。でも赤ん坊は泣き止まない。その泣き顔と転がるボールの両方を眺めていたヘンデルは、急いでボールを拾ってきてまたポトン落とすのだが、結果は同じだ。

するとヘンデルは再び玩具箱のところに行き、今度は細長くて真ん中がくびれた15センチほどのスティックを持ってきた。これも同じ材質の樹脂製で、これを口から落とすとボールのように予期せぬ方向へ弾んだりはしないが、真ん中が細くなっているので床の上でブルンブルンと震えながら弾む。この動きもヘンデルには面白いようで、お気に入りの玩具だ。

そして今度はそのスティックを同じように泣きじゃくる赤ん坊の前で落とす。スティックは床の上でブルンブルンと震えて止まるが、赤ん坊はまったく何の反応もしない。ヘンデルは2～3回くりかえしたがやはり駄目。そしてついにスティックを拾うのを止めて赤ん坊の顔をしげしげと覗き込むように見つめ、つぎの瞬間、大きな舌を出したと思うと、赤ん坊の顔を顎のあたりからおでこのあたりまで、下から上へ「ベロー」と舐め上げた。

その途端に、それまで半ベソ状態だった赤ん坊が「ウワーンッ！」と、まさに火の付いたような大泣きになった。ヘンデルはドキッとしたように顔をそらし、もう一度孫の顔を見たと思うと、さっと自分の寝床のところに行ってバタンと倒れ込み、「俺なんにもしてないから、俺のせいじゃないよ」といった感じでふて寝の素振り。

ようやく2階の女共も気付いたようで、「あらー、どうしたのー」などと叫びながら駆け下りてきた。そして孫が泣いているソファーの下にヘンデルの玩具が散乱しているのを見て、女房が「ヘンデルどうしたの」と声をかけても、ヘンデルはちらりと目を向けただけで、「俺は何にも知らないよ」と、ひたすら無関係を装いつづけるのだった。

でもヘンデルは、一人で泣きじゃくる人間の赤ん坊を何とかしてあやしてやろうと頑張ったのである。そうか、ラブラドールには本能的に人間の世話をしようとする性質が備わっているのだと、そのとき気が付いた。

ヘンデルの特技

犬はいつもクンクン、クンクンと、そこいら中を嗅ぎまわっていることでも分かるように、臭覚が圧倒的に優れていることで知られている。もちろんヘンデルもその通りで、まさに驚くべき能力だ。だがその前にさらにぼくを驚かせたヘンデルの優れた能力の一つは、視覚的な認識の鋭さだった。

最初それに気づいたのはまだ生後４ヵ月にもならない頃だ。部屋の中で遊んでいたボールを見失いキョロキョロしているので、ぼくはとくに意識もせず「あそこだよ」と言いながらボールのほうを指さした。するとヘンデルはまったく当然のように指さされたほうに行き、ボールをくわえてきたのである。

これは特に何でもないことのようでいて、実は大変なことなのだ。要するにヘンデルはぼくが差し出した手の形を見て、それが方向を示していると瞬時に理解したわけだ。以前ぼくが飼っていた「ブル」もそうだったが、多くの犬は指さしをしても、それが方向を示す形とは理解できず、目の前に出された手だけをただ見つめるのみなのだ。以前のブルもかなり利口な犬だったが、物の形を意味として認識することはついにできなかった。

それに対しヘンデルはまったく教えもしないのに、その瞬間から理解したことに驚かされた。念のためにと何度か試してみたが間違いなく指さされた方向を必ず見る。そして何を指さされたのかが分からないときは、ぼくの目を見て「分からない」と目で合図をする。このアイコンタクトもとくに教えたわけではなくいつの間にか覚えてくれたことだ。

また、これもまだ幼犬の頃のことだが、散歩をしているとき一軒のお店のガラス戸に「名探偵」と書かれたポスターが貼ってあった。これは探偵事務所のポスターで、その探偵役となる黒いラブラドール犬の大きな写真をヘンデルは見た。そのときのヘンデルの喜びようと言ったらなかった。ガラス戸にへばりついてペロペロと舐め回し、サッと一歩飛び退いて相手の反応を待つ。だが写真の黒ラブはピクリともしない。するとヘンデルはまた近づいてクンクンと鼻を鳴らし、サッと飛び退いて反応を待つ。でも結果は同じだ。そしてやがて、これは生き物ではないのだと自分を納得させ、淋しそうにトボトボと歩きはじめる。

我が家のサイドボードの上にある、バセット・ハウンド犬の小さな置物に気付いたときも同じだった。はじめの頃はまだ背が低くて気付かなかったのだが、ある日サイドボードの前を通り、ふと首をのばしてみると、そこに小さなワンチャンがいた。その瞬間にそれが犬だと分かるらしく、「なんだ、こんなところにお友達がいたんだ」と、必死になって飛び上がろうとする。そこで置物を下におろしてやると、例によって置物のそこいら中を舐め回し、パッと飛び退いて相手の反応を待つ。それを何度も何度も繰り返し、やがて生き物ではないと納得し、いつもの淋しい別れに終わる。こんなことが色々なところであった。

でもこれは相手が犬の場合であって、例えば街中の小さなお稲荷さんの社でヘンデルが目に止めた、石造りのキツネのときなどはまったく違う。それはヘンデルを車の後部座席に乗せていたときで、遮断機の降りている踏み切りの手前で停車した車の中からそれを見付けたヘンデルは、窓から顔を突き出してキツネを睨み付け、「ウー」と唸りはじめたと思うと、つづいて猛烈な勢いで吠えたてる。口からはよだれをたらし、今にも噛み砕いてやるといった表情だ。

遮断機が上るのを待っていた人達は、そのヘンデルの怒りを見て大喜びだ。「そうだ、そうだ。あんな生意気なキツネはやっつけちまえ」と言った調子でヘンデルをけしかける。だが間もなく電車が通過し、みな踏み切りを渡りはじめた。ぼくの車もその後を追ったが、ヘンデルだけは窓からいっぱいに首を伸ばし、遠ざかるキツネを睨んで唸りつづけていた。そのキツネのサイズは我が家のワンチャンの置物と同じ程度なのだ。

要するに、可愛いバセット・ハウンドの表情とキツネの鋭い表情の違いを、視覚で判断しているわけだ。その結果、バセット・ハウンドはお友達であり、ヘンデルにとって稲荷のキツネは実に忌まわしきヤツなのだ。

ムンクの「叫び」にヘンデルは激怒

このヘンデルの怒りは家の外だけのことではなく、家の中でも爆発することがあった。家の中と言ってもリビングルームなどではなく玄関でのことだ。その日、某輸入商社の人達がスピーカーを聴いてほしいと一組の中型スピーカーを玄関に運び込んだ。奥のリビングルームにいたヘンデルは、犬好きでいつも可愛がってくれるNさんの声を聞きつけ、尻尾を大きく振りながらご機嫌で玄関までお出迎えに来た。ところがヘンデルがそこで見たのは、一本足の異様な化け物だった。

化け物の背丈は約1メートルで、ツルンとしたオール樹脂製。胴はなく一本足の上にすぐ頭の先が尖った大きな顔があり、しかも目玉は真ん中に1個（高域用ユニット）だけ。顔の下のほうには大きく開いた口（バスレフポート）があるのだが、それが単なる丸や四角ではなく、丸っこいが妙に上下に伸びた生き物の口のように見える。

これは南アフリカのビビッド・オーディオという会社の「V1・5」という製品で、このスピーカーを見た人の多くが、ノルウェーの画家エドヴァルド・ムンクの「叫び」という絵を連想する。

夕暮れどきの橋を渡っている男が、なぜか両手で耳を塞ぎゆがんだ口を大きくひろげている奇妙な絵だ。ゆがんでいるのは口だけでなく顔全体も不気味にゆがんでいる。この「叫び」という表題から、このゆがんだ口を開けている人物が叫んでいると思いがちだが、そうではないらしい。それは橋のかかったフィヨルドの大地から湧き出す大自然の叫びで、彼はその強大なエネルギーに耐えきれず、耳を押さえて苦悶している図とのことだ。ムンクはこの妙な絵がよほど気に入ったのか、ほとんど同じ構図の作品を4点も描いた。

でもヘンデルはムンクの「叫び」など知るはずもないから、我々の連想とは意味が違う。ではあっても、我々がこのスピーカーを見て、「叫び」の異様な顔つきと不気味にゆがんで大きく開いた口を頭に浮かべるのと同じく、ヘンデルはヘンデルなりに不気味な化け物を感じたのに違いない。そして、こんな異様な化け物を我が家に入れることは絶対にできないと、「さっさと出て行け！」と言わんばかりに猛烈な勢いで吠えまくっているわけだ。

もちろんヘンデルは玄関に置かれたスピーカーを見るのははじめてではない。ぼくの家には各社の人達がいろいろなスピーカーを持ち込んでは、まず玄関に並べる。ヘンデルは知った人の声がすると出てきて当然スピーカーを見るわけだが、かつて、こんな反応をしたことはなかった。

ぼくが「ヘンデルがこんなに嫌ったんじゃ、どんなに音がよくても評価できないよ」と言うと、Nさんは「そんなこと言わないで、お願いですよ」と。では、とにかく聴くだけは聴くかと、大急ぎでスピーカーを2階の部屋に運び込んだ。

鳴らしてみると音はなかなか良くできている。これならヘンデルが何と思おうと良い評価を与えるのが妥当だ。実際に市場でも同様の評価を得たようだが、しかし結論を言うと、やはり誰もが「叫び」を連想させるこのデザインには抵抗があったようで、あまり実買には結びつかなかったらしい。それも当然である。ヘンデルがあれほど嫌ったのだから、駄目に決まっているではないか。

だが、このときのヘンデルの怒りの表情も、ぼくの目からすれば、あの柴犬にもう一度出会ったときとはまったく違う。いや、このときだけでなく、お稲荷さんのキツネのときも、あるいはそれ以外にも似たようなケースがいくつもあったが、そのいずれの場合も、けっして本気で怒っているのではないのだ。怒っているのではなく、ただ大声で怒鳴っているだけなのである。

第十章　2001～2011

激震

「№.３２L」プリアンプの導入

21世紀を迎えてからのぼくのオーディオは、それまでとは少なからず雰囲気を変えていったと、自分では思っている。その要因の一つは、デジタル化されたことによって使い易さや機能をより高めた、グラフィックイコライザーやチャンネルデバイダーなどを、より積極的に使いはじめたことだ。

そしてもう一つの要因は、先に「期待していたほどではなかった」と申し上げた、ＳＡＣＤなのだ。と言うと「期待はずれだったのに、なぜ?」と思われるかもしれない。たしかに従来のＣＤと比較して、それほど圧倒的な音の差を聴きとることはできなかった。でもそれはＳＡＣＤの実力とは別に、ぼくのシステムの能力というか体質というか、そうした面に一因がなかったとは言いきれないとも思えるわけだ。

さらにもう一つ。いや、これが第一の要因と言うべきなのだが、ぼくのオーディオにとって20世紀最後のニューモデルとなる、プリアンプのマークレビンソン「№.３２L」が加わったことである。このプリアンプはマークレビンソンのブランドではあっても、ぼくが長年にわたり使いつづけてきたＬＮＰ２Ｌとは、すでにアンプとしての血縁関係も途切れ、設計思想も異なるものになっていることはすでに申し上げた通りだ。

しかも１９８０年代末あたりからぼくは、単に使用機器の個性や持ち味に頼るのではなく、グライコやチャンデバなどによる積極的な操作や、さらに各スピーカーユニット間のタイムアラインメント調整、あるいは各ユニットの選択などにより、自分の耳で音をまとめ上げてゆく姿勢に向かおうとしていた。であるなら、実はその時点でＬＮＰ２Ｌとは縁を切るべきだったのかもしれないが、しかしそれができなかった。

ぼくが使ってきたプリアンプは、初期のオーディオ入門時は別として、ダイナコ「ＰＡＴ４」、マッキントッシュ「Ｃ２６」、マランツ「モデル７」、さらにマークレビンソン「ＬＮＰ２Ｌ」となる。そしてそのすべてにおいて、アンプそのものが持つ固有の音色や再生の雰囲気に言わば一目惚れし、その魅力にすがっての再生だった。ことに中心的なプログラムソースがアナログレコードに限られていて、必ず各プリアンプの内蔵フォノ回路も使ってきたことから、システムの音を支配するのは、スピーカーよりプリアンプの影響力のほうが大きいとさえ考えていたとも言える感じだ。

しかも前記４機種のプリアンプ購入は、１９６８年から78年までの10年間前後のことで、１機種あたりの平均的な使用期間はＬＮＰ２Ｌを除き、いずれもわずか３年程度ということになる。ただしＬＮＰ２Ｌだけは20年以上も使いつづけた。

たしかに現在思い返してみても、ダイナコからマッキントッシュへのチェンジは、ぼく好みの音色をベースにした表現力の面で、格段の向上を達成してくれるものだった。しかもその表現力の向上を自分の手腕ゆえと思い、得意満面だった。しかし、その3年ほど後に今度はマランツ7と巡り合う。もちろんマランツは、マッキントッシュとはかなり傾向の異なるサウンドではあるが、温度感の好ましさやウェットな質感などには共通の魅力があった。しかも加えてマランツの細部の表現には、緻密さとともに言葉では表わし難いばかりの品位に富んだ描写力があり、改めて歴史的名機のサウンドに感服させられると共に、その音を得たのもまた、自分のオーディオ手腕ゆえと得意になった。

だが、それからまたもや3年ばかり後には、マークレビンソンLNP2Lを購入。このアンプは以前に当初のオリジナル機の音をちょっとだけ聴き、そのデリカシーに富んだ新鮮な音色や表情の濃やかさなどに、すでに心を奪われていたのだが、容易に手の出せる値段ではなかったことから諦めていた。だがぼくは、すでに同社のパワーアンプ「ML2L」を使っていたことからも、このシステムをあのプリアンプの音で鳴らせば……、との想いは高まるばかりで、ついに我慢の限界に達してしまったわけだ。

マッキントッシュのC26からマランツ7への場合と違い、マランツ7とマークレビンソンLNP2Lとの音の間には、音色や雰囲気などの本質的な部分のようなところに、微妙に通じ合う感触があった。そのてんからも、このアンプが鳴らす我が家の音を想像することができただけに、一層、我慢しきれない面もあった。

かくしてＬＮＰ２Ｌが納まった我が家のサウンドは、予想どおり、それまでの音色的な芳しさや、細部に至るまでの肌合いのよさに加え、産毛のようなデリカシーに満ちた感触や、さらに筆使いに長けた描写にも通じる巧みな立体感などを聴かせる、たしかなグレードアップぶりをもたらしてくれた。

しかし、ではあってもここまでは、言わば、アンプを買い替えたらそれまで以上に音がよくなったと言うだけのことだ。しかもその買い替えを、自分ではオーディオのクリエイティヴな行為と思っていた。

だが考えてみれば単にアンプを買い替えただけで、それ以外のことは何もしていない。もちろん買い替えたアンプが、買い手を満足させる優れたものであったことは間違いないのだが。

格段に高まった音のリアリティ

1982年のCD誕生を期にして、というほど明確にではないものの、およそ1984～85年あたりを境に、ハイエンド機と称されるプリアンプの性格が少しずつ変りはじめたと思う。それはプリアンプの役割の変化にともなうもので、これまでのようなフォノ入力重視とは逆に、むしろフォノ入力不要の方向に向かいはじめたからに違いない。

それ以前のプリアンプにとってまず重要なことは内蔵フォノ回路の、とくに魅力的なRIAAイコライザー特性にあった。ここで言う「魅力的」とは、もちろん誤差のない正確なRIAAカーブのことだが、それが容易に可能ではなかったことから、ある程度の誤差は認めつつ、正確さより、人々を魅惑するマジシャン的な音づくりの手腕が重視された。C26もマランツ7もLNP2Lも、その意味での歴史的な名機だったわけだ。

しかもフォノ回路に取り組むこの設計姿勢は、当然ながらフラットアンプ部にも受け継がれ、結果としてプリアンプとは、それぞれが名演奏家でもあるかのように、個性的な美音や持ち味を競うようになっていったのではないだろうか。

と言って、それらの名機を順に自宅に招き入れ、その巧みな演奏ぶりを堪能するオーディオも、けっして否定するつもりはない。だが、ぼくが頭に描くオーディオの面白さや楽しさは、それとは少し違うはずなのだ。

ぼくがメーカー製の一体型スピーカーを選ばず、単品ユニットを集めて組み合せるマルチアンプ方式を採るようになったのは、言わばオーディオ入門時の成り行きのようなものだ。でも、それに拘りつづけ、一向に一体型スピーカーを使ってみようとの気を起こさないことの理由の一つは、そのほうがクリエイティヴであり、ぼくにとってはより面白いと感じるようになっていったからだ。そのクリエイティヴな面白さの頂点となるのが、システム全体の音の味わいや様々な楽曲に対する表情の表われ方などを、自分の感性に従って造り上げてゆく過程とその成果に浸るときだ。

話が少々理屈っぽくなってしまった。もっと簡潔に話そう。

マークレビンソンの新作プリアンプ「№３２Ｌ」を我が家で聴き、これまで使ってきたプリアンプ達との余りの違いに、はじめはただ唖然とした。これまでのように、従来機を超えた美音の世界を眼前に繰り広げてくれるのではなかったのだ。だがそれでいて、その音質はそれまで我が家で味わったことのない新鮮さや、リアリティに富んだ克明な表現力などを感じさせるものだ。ただし、スピーカーユニットも含めた全システムの鳴り方を巧みに統率し、美しい音楽に仕立てて、味わわせてくれたりはしない。各スピーカーユニットや各コンポーネントの真価はそのまま発揮させるから、後は使い手が自分で気に入るように鳴らせということなのだ。

そうか、これこそが本当の意味での、オーディオにおけるアクティヴな行為なのではないか、と気付いた。

前記したようにその以前からすでに、恐るおそるの感じではあったのだが、新しいデジタル化されたグライコやチャンデバなどの多機能性に惹かれ、かつてよりは積極的にサウンドの構築にとりかかっていた。とは言っても、フォノ回路こそすでに使っていなかったが、プリアンプはＬＮＰ２Ｌだったから、その持ち味の範疇から抜け出すことはできず、その枠の中を右往左往していたことになる。したがってその時点でＬＮＰ２Ｌから離別すべきだったのだが、このように批判しているようでいて、いっぽうではかなりベッタリの面もあったわけだから、容易にそれができなかったのだ。

プリアンプを№.３２Ｌに替え、プログラムソースはもう一つ納得のしきれなかったＳＡＣＤを中心に据えての、新たなサウンドチューニングは、これまでになくぼくに「やる気」を起こさせるものだった。ただし勿論、これまではやる気があまり起きなかった、と言うわけではない。

だが、ぼくのサウンドチューニングには欠かせないツールと言えるグライコにしても、アナログ機の頃は帯域の可変素子数もずっと少なく、それにメモリー機能がないのは当然として、設定値の復元性などの信頼度も低いなどから、けっして手際よく使いこなせるものではなかった。要するに、ともすると苛立ちや疲労により「やる気」を削がれかねないのが現実だった。

これはチャンデバにも言えることなのだが、加えて、これらの結果を敏感に反映させるべきサウンド自体が、ＬＮＰ２Ｌの大きな傘の下にあると言うか、その持ち味の範疇から何故か抜け出すことができない。まるで、とても感触のいい毛布のようなものに包まれてでもいるかのようなのだ。しかもそこから無理に抜け出そうとすると、恐ろしく冷たい音や鋭い音や、乾いた硬い音などが容赦なく迫ってくるかのようで、結局、そっと顔だけをわずかに覗かせてみたりするのが限界なのだ。

それに対して新しい№３２Ｌによるシステムは、肌合いのいい毛布などは持ち合わせていない。その代わり打てば響くとでも言うか、６分の１オクターブ刻みのグライコのつまみ2〜3個を、ほんの１dBほど動かしてみただけで、音楽の表情がたしかに変る。その代わり間違えば酷い音になるし、巧くゆけば期待の音色で微笑んでくれる。やる気が起きるのも当然ではないか。

ただ、やる気が起きたからと言って、たちまち事態が改善されてゆくわけではない。例によって行きつ戻りつを繰り返しながら、歳月だけは以前よりはるかに急速に過ぎていったのはたしかだ。でもその間に№32Lもこの部屋にかなり馴染み、ぼくのサウンドも以前とは一線を画すものになったと、ぼく自身は思った。

自分でも、もっとも強くそう感じたのは、再生音全体のエネルギー感の自然さだった。これまではエネルギー感が欲しいと思ってあれこれ模索しても、何故か、例えば部分的にアクセントを強調するような印象になったりなど、自然な一体感の中でのエネルギーになってくれなかった。でもそれが次第に音楽の息づきに沿うような流れにのった、自然な抑揚感のもとでの力強さになってきた。

加えて音色の鮮度感が明らかに違う。少し極端な言い方をすれば、押し花の美しさと生花の美しさの違いだ。いや、これは少々極端すぎるが……。でも、あえてそんなことを言ってみたくなるような違いなのだ。

その数年間はほとんど積極的な機器の買い替えなどもしなかった。低域用のパワーアンプA50Vを、マイナーチェンジ機の「A60」に替えたことや、あとはグライコとチャンデバのマイナーチェンジ機を追ったことぐらいだ。

もっとも、そのグライコやチャンデバのマイナーチェンジ機は、主にデジタル系回路のSN比アップなどで、前記したようなエネルギー感や鮮度感といった側面からのリアリティ向上に、大いに貢献してくれることになった。

この時点でぼくのオーディオは、新宿の事務所で手造りしながらのスタート以来、40年に達しようとしていた。そしてその当初から、例えばSN比の意味ぐらいは知っていたし、ノイズがいかに再生に悪影響を及ぼすかも理解しているつもりだった。

いや「つもり」ではなく、その当時は実際に理解していた。なぜなら当時のオーディオは、レコードプレーヤーの軸受けやモーターなどから発する「ゴロ」とか、トーンアームや出力ケーブルなどが拾う「ハム」。加えて増幅系をはじめとする各機器からも、回路素子などが発する、耳に聞こえるレベルでの様々なノイズが実際に出ていた。だから当然、再生の邪魔をするものとして常に排除の対象になっていた。

でもそれが、次第に耳には容易に聞こえないレベルに下がっていった。しかもさらに、「容易に聞こえない」ではなく「ほとんど聞こえない」レベルにまで下がった。もちろんこれはソース源にノイズのない場合に限ってのことだが、実際にぼくの頭の中から、SN比という意識が次第に希薄になってゆき、そしてさらに、SN比を問題にするということもほとんどなくなっていった。

でも、再生音からノイズが消え失せてくれたわけではない。ただ、耳には聞こえないほどの小レベルになっていただけなのだ。だが、システム全体のグレードが、ある程度以上に高い次元で整ってゆくに従い、その微小レベルでのSN比の改善度が、サウンドの資質の違いとして感じとれるようになるのだ。

前記したグライコやチャンデバがもたらしたSN比の改善とは、こうした意味のものなのだが、これがエネルギー感や鮮度感といった面でのリアリティを格段に高めてくれた。それればかりか、言葉としては使っていたが、あまり実感がともなっているとも言えなかった、「音場感」や「音像感」などの表現にも、明らかに次元の異なるリアルさが見えはじめてきた。№.32Lが、少しずつ本領を発揮してくれるようになったのである。

スーパートゥイーターの追加

SACDは通常のCDに比べ、数値的に優れている面は多々あるわけだが、その代表的なものがワイドな周波数特性だ。ことに高域は100kHzにも及び、これによって味わいに富む倍音成分や繊細な表情など、通常のCDでは得られない魅力を実現というのが最大の売りだ。

そのためには超高域まで再生できる、スーパートゥイーターが威力を発揮するはずと、誰しもが思った。その結果、ＳＡＣＤの登場からしばらくして、内外の各社からハイグレードなスーパートゥイーターが登場するようになった。

もちろんそれ以前にも、スーパートゥイーターを名乗る超高域用のトゥイーターは存在したが、低音マニアの逆の高音マニアとでも言うか、そんな一部の人達の「お守り」的な存在と、ぼくは考えていた。だからもちろん自分では使ったこともないし、使ってみようと思ったこともなかった。

それにぼくは、どちらかと言えば低音派なのかもしれないが、高域に関してはそれほど強い関心を示すことがなかったような気もする。と言うと、ここまでの文中でも、トゥイーターが気に入らないからと買い替えたり、の話があったではないかと言われるかもしれない。たしかにそんなこともあったが、でも、そうしたときにぼくが気にした帯域は、例えば３ウェイでの一般的な高域、すなわち３～４ｋHz以上のことだ。でも普通、スーパートゥイーターが受け持つのは10ｋHz以上とか20ｋHz以上とか、あるいはもっと上の帯域なので、ぼくはほとんど考えたことも気にしたこともなかった。

ずっと以前、アルテックの７５５Ｃ一発を、フルレンジで鳴らしていたことがあったが、あのときだって低域には限界を感じたが、高域はむしろマイルドで心地いいと思った。

そんなぼくだったのだが、ＳＡＣＤがＣＤに比べ特別すごいとも思えないのは、やはりシステムの高域が十分に伸びていないからかもしれないと、スーパートゥイーターのコマーシャルトークに影響された。でも買わなかった。例によってステレオサウンド社に持ち込まれた試聴用を、ちょっと拝借し我が家で鳴らしてみた。

駆動アンプが貧弱では、こんな超高域に命を吹き込むことなど無理だろうと、コンパクトなＡＢ級機だがＡ級領域が十分に広い、ヴィオラのパワーアンプ「ＦＯＲＴＥⅡ」を最終的には用意したのだから、かなり気合が入っていたのは間違いない。こうして数機種のスーパートゥイーターを試してみたのだが、どうしても期待した成果が得られない。

スーパートゥイーターが受け持つ10ｋHz付近以上の帯域は、ほとんど音として耳には感じないと言ってもいい。人間の耳の高域可聴範囲は20ｋHzまでとされているが、それは、もしその音が聞こえたとしても異常な耳ではない、との意味で、ほとんどの人には聞こえないのが普通だ。

でもこれは10ｋHz付近以上だけの信号音を鳴らした場合のことで、音楽を再生しながらスーパートゥイーターをＯＮ／ＯＦＦしてみると、音の違いと言うか雰囲気の違いが感じとれることがある。だが問題は、スーパートゥイーターを加えた状態のほうが、魅力的な再生になってくれたかどうか、なのだ。端的に結論を言えば、ほとんどそうはなってくれない。その存在が感じられる場合は、むしろ邪魔な存在としてのほうが多いのだ。何処かに耳障りな音がある、と言ったような感じなのである。

その暫く後になって、ぼくが使っているＧＥＭのリボン型トゥイーターを造っている工房から、ブランド名をミューオンと変えた「ＴＳ００１」というスーパートゥイーターが発表された。もちろんリボン型で、ぼくが使っているトゥイーターをひと回り小さくした印象のものだ。

そう言えば以前、ぼくの３ウェイシステムのトゥイーターがどうしても期待どおりの雰囲気にならず、結局リボン型に行き着いたことを思い出した。以来ぼくのトゥイーターは一貫してリボン型なのだ。でも今回、試しに鳴らしてみたスーパートゥイーターはすべてホーン型で、当然ながら振動板は極めて小さい。ぼくがあのときリボン型を選び、しかも複数個を重ねて使ってきたのは、理論的なことは別として、単に、耳に感じる雰囲気の自然さのためには、トゥイーターの振動板面積はより広いほうが有利のように思えたからだ。

これはスーパートゥイーターにも言えることのはずだし、それにリボン型トゥイーターの上にホーン型のスーパートゥイーターを加えること自体、質感の面からもかなり難しいことに違いないとも思った。

かくしてリボン型のＴＳ００１を、スーパートゥイーターとして使うことになった。チャンデバは４ウェイまで可能なデジタル機、アキュフェーズ「ＤＦ４５」になっていたので、９

kHz以下を㊀12dB／octで切り、ユニットは2台重ねしたトゥイーターの上に、さらに乗せてタワー状にした。このトゥイーターのほうはハイカットなしなので、9kHz以上ではトゥイーターとスーパートゥイーターが重なり合って鳴ることになるが、そのときは特に気にはしなかった。これがスーパートゥイーターのごく一般的な使い方だったからだ。マルチアンプ方式ではない一体型スピーカーの場合でも、スーパートゥイーターはコンデンサーで下の帯域だけを切り、そのまま既存スピーカーの高域に重ねるのが普通だった。

スーパートゥイーターの音量や設定した各数値などを変えたりしながら、例によって色々な曲を何日も繰り返して聴くうちに、次第にスーパートゥイーターの存在が自然な雰囲気に近づいてきた。いや、まだあまり聴きこまない最初の段階から、トゥイーターと同じく振動板面積の大きいリボン型同士ゆえと思いたくなる、違和感のない鳴り方を感じた。

と言っても、常にその存在を意識させるというわけではない。曲によっては鳴っていてもいなくても、ほとんど気がつかない場合も多々ある。だが、そうでありながらも、アナログもCDもSACDも含めたすべてのソースに対する我が家のサウンドが、明らかに生命感に富み豊かな表情を味わわせるものになってきたのは間違いない。

それに以前は、単に言葉としてのみ知っていたと言えそうな「音場感」や「音像感」も、少しずつ我が家の再生の中に、そのリアルな一面を覗かせる印象さえ感じる。すでにシステムのいろいろな機器類からの、耳に感じるノイズなど皆無と言えそうなのにも関わらず、それら各機器の一段のSN比アップが、大きな力となった結果に違いないだろう。

だがそれにより、他のプログラムソースに比べてSACDが、明らかにハイクォリティなサウンドを聴かせてくれるようになったかと言うと、けっしてそうではない。それより、CDもSACDも、それにアナログも、すべてのソースのクォリティが向上し、その結果、むしろ3つのプログラムソースの音の差が、以前より狭まったようにも思えた。

リスニングルームを襲った3・11の激震

その日ぼくはメインテナンスが完了したアンプを受け取りに、原宿近くの某輸入商社のオフィスにいた。それがあの、2011年3月11日だった。

オフィスを出ようと立ち上がったときだ、比較的ゆったりとした地面の揺れを感じた。誰かが「地震ですね」と言った。たしかにそうだが、ゆったりとした揺れなのに、妙に揺れ幅が大きい。「遠い感じだけど、かなり大きいぞ」と思ったとき、その揺れがたちまち激震に変った。「ともかく玄関まで出よう！」の声で一斉に玄関に向かうあいだに、揺れはさらに激しさを増し、奥のオフィスのほうで何かが倒れる音がする。

全員が玄関のひさしの下まで出たが、それ以上外に出るのは、付近のビルからの落下物の危険がありそうな気もしたので、皆がそこに佇んでいた。目の前の数棟並んだ高層マンションが大きく左右に揺れ、最上階を見上げると、いまにも屋上同士が激突するかと思わんばかり。玄関の横に駐車したぼくの車は、まるで今にも舞い上がるのではないかと思うほど、激しくジャンプを繰り返している。

かなり長く揺れているように思えたが、それもようやく収まり、皆の顔に「ふっ」と安堵の表情が浮かんだ。事務所のほうからの「木箱が1個倒れただけで、あとはOKです」の声に促され室内へ。さっそく自宅へ電話をしたが、携帯電話はまったく不通。だれかが事務所の電話で掛けてみてくれたが、これも通じないらしい。テレビの速報で東北地方沖の巨大地震と知った。

しばらくして「ご自宅に電話が通じました」と受話器を渡してくれた。電話に出た女房に「大丈夫か?」と訊くと、「わたしはヘンデル(飼っている犬の名)と一緒に、リビングのテーブルの下にもぐって震えていたけど大丈夫。どの部屋もとくに何もなかったけど、でも、あなたのリスニングルームだけは目茶苦茶。テーブルにもぐっているあいだ中、2階でドシン、ドシンといろんな物が落ちる凄い音がしていた。さっき行ってみたら、隙間から中が覗けるほどしかドアが開かず、部屋には入れない状態だった」と言う。リスニングルームは一階のリビングの真上なのだ。

さっそく我が家に向かったが、途中にある首都高速道の入口はすでに閉鎖されていたので、そのまま新宿に向かうと、予想はしていたが間もなく大渋滞。止まったままの車の中でじっとしていると、少し何か揺れを感じた。すると広い道路の左右に林立するマンションの出口から、まるで吹き出されて来るかのように、多数の人が溢れ出てくる。

「えっ?」と思ったとき、少し揺れを感じさせていた車が、突然、激しく上下にジャンプ。同時に道の両側に立ち並んでいる大きな街路樹が、今にもなぎ倒されんばかりに激しく揺れている。「余震だ」と気付くとともに、高速道路が閉鎖されていたことに感謝した。

わずか10㎞少々の道のりを3時間以上もかけて我が家にたどり着いた頃には、辺りはもうすっかり闇に包まれていた。

「ただいま」の声もそこそこに階段を駆け上がり、リスニングルームのドアを開けようとした。だが、内開きドアの向こう側を落下物が塞いでいるようで、女房が言う通り、ほんのわずかな隙間程度しか開かない。そこから覗き見した室内は、まったく足の踏み場もないような印象だった。だがそれより、女房に呼ばれて見たテレビの映像に唖然とした。家々が瓦礫とともに濁流に押し流され、その間を港にあったはずの大きな船が漂っている。我が目を疑うとは、まさにあのようなときのことだ。

ぼくは2日ほどリスニングルームに入らず、そのまま放置しておいた。次々に報じられる東北地震のあまりにも悲惨な状況と、ドアの隙間から覗き見したリスニングルームの状態が、妙に重なり合うようにも思えたのか、部屋の中を確認したくなかったのだ。

3日目に、無理やりドアを押し開けて中に入った。だがまったく足の踏み場もない。以前にも申し上げたように、部屋の4つの壁面はスピーカーの部分を除き、それ以外はアンプ等の機器類をはじめ、アナログレコードやCDなどの収納ラックなどで埋まっている。加えてそれらの上や隙間などにも、CDがうず高く重なっていたり、ウィスキーのミニチュア瓶や小物類が並んでいたり、なぜか地球儀が置いてあったり等々なのだ。

まず散乱したのはCDのようだ。3つのラックは半分以上が空っぽに近く、さらにその上に積み上げてあった分などは、そっくり床に散らばっている。それらの上にミニチュア瓶や、逆に、記念品として飾ってあったシャンペンの大きなマグナム瓶などが落下。もちろん地球儀もそのあたりに転がっていて、さらに、下手なゴルファーが長年かかって手に入れた10個ほどのトロフィーやカップが、一番高いカーテンボックスの上から次々に落下したようだ。

見るも無残なぼくのスピーカー

問題はスピーカーだ。これまでにもお話ししたが、我が家のスピーカーは2枚重ねしたコンクリート板の上に4個の小さなスパイクを並べ、そこに横位置にしたウーファー用エンクロージュアを乗せたのがベース。さらにそのウーファーユニットの位置に合わせて、エンクロージュアの上に中域用ホーンを乗せる。次はホーンの上に2段重ねしたトゥイーターを置き、さらにその上にスーパートゥイーターを乗せただけのものだ。要するに、すべて単なる積み重ねで、一切どこも固定されていない。

この理由は、それぞれのユニットを前後に少しずつ動かすことで、各ユニット間のタイムアラインメント調整が行なえるようにだ。とくに中域以上の帯域になると、組み合せたユニット間のタイムアラインメントの状態が、ひじょうに問題になる場合がある。だからぼくのシステムのように、単に各ユニットを積み重ねてあるだけの場合には、気になるユニットの前後位置をほんの数ミリ単位で移動し、タイムアラインメントを調整するわけだ。

ウーファーのエンクロージュアを固定していなかった理由は、これとは少し違う。エンクロージュアをコンクリート板の上に直接置いてもよかった。いや、実は最初はそうやってみたのだ。ところがどうしても低音がボゥボゥと締まりなく響く感じになり、中域や高域をどうコントロールしても、弾力性をともなった一体感のあるサウンドになる気配がない。

そこでコンクリート板との間に、スパイクを挟んでセットしたのが現状だったわけだ。この状態はたしかに安定性に問題はあるのだが、でも、サウンドの面ではいやな印象がなく、いい響きを聴かせてくれた。

ただしこれまでも、ちょっとした程度の地震でもエンクロージュアが揺れるようで、ウーファー自体に問題は生じないのだが、上に置いてある中域ホーンがずれて少し横を向いたりした。すると当然、その上に乗っているトゥイーターなども、落下することはなかったが、位置がずれたりすることは時折あった。

そこでエンクロージュアの四隅に木製の脚を立て、スパイクのみでなくこの脚でも重量を支えるようにしたのだが、これだけの事で音はまったく別物の鈍い響きになり、結局スパイクのみに戻していた。

そこにあの激震が襲ったのだから、結果は見るも無残なことになった。エンクロージュアは多分これまでにないほど大きく揺れたようで、位置がずれている。その上にある中域用ホーンはもっと大きく動いて、かなり横を向いている。となると、さらにその上に立っていた各3台のリボン型ユニットから成るタワーは、もうまったく存在しない。

床を見ると、計4台のトゥイーターと2台のスーパートゥイーターがゴロゴロと転がっている。しかもすべて落下の衝撃でだろうか、襞が伸びて長くなったリボンが、ユニットから吐き出されでもしたかのように、だらりと床の上を這っている。それに右チャンネル側のスーパートゥイーターは、落下するまで何度も、隣に立つ旧「隠しグライコ」入れだったラックの側面に激突したらしく、ラックの側板には痛々しい傷跡が刻まれている。もちろん手作りしたトゥイーター用のグリルは、まるでボロ布のような姿になっていた。

足元をかき分けるようにしてトゥイーターを拾い、伸びているリボンを押し込むようにして、レコードラックの上に並べた。後は段ボール箱の中に壊れたトロフィーなどを放りこみ、地球儀などの大きな物を片づけながら、「そうだ。写真でも撮っておこう」と、何枚かのシャッターを切った。

ＣＤ類はとても正確に元の位置には戻せなかったが、数日かけて一応の片づけが終わった。だが考えてみると、あれだけの物が落下しながら、オーディオ機器で破損したのはリボンユニット計6台のリボンのみ。ＣＤは数枚のケースが破損しただけ。多くのＣＤがアナログプレーヤーの上などにも落下したようだが、トーンアームも本体もまったくの無傷だ。

この1ヵ月ほど前に、ブルメスターの新しいフォノアンプ「１００」を購入したのだが、ラックに納めてはあったが、まだ殆ど本格的には聴いていなかった。早速パネル面などを細かく調べたが、幸いにしてこれも無傷。

それ以外で破壊されたのは、床に散らばったミニチュア瓶の上に、前記した大きなマグナム瓶が後から落ちたのだろう。数本のミニチュア瓶が砕けていた。でもその結果、ウィスキーはカーペットに沁みを付けないことを知った。

積み木細工のようだったスピーカー

数日後、計6台のリボンユニットは、いずれも最新ヴァージョンのリボンに張り替えられた。元の位置に戻されたウーファーのエンクロージュアは、これまでと同じように重量を4個のスパイクで受けている。

ただしエンクロージュアの底の四隅とカーペットを敷いた床との間に、細いステンレス製で高さ調整が可能なパイプを立てた。でも、これを脚としてエンクロージュアを支えるのではない。重量を支えるのはこれまでと同じ4個のスパイクで、このパイプはエンクロージュアの底と床との間に、ピッタリ入るよう長さ調整しながらはめ込んであるだけ。すなわちこれはエンクロージュアの揺れ止めである。4本のパイプの長さを巧く調整すると、エンクロージュアを手で揺すってみても、まったくびくともしない。

次は中域用のホーンだ。これは従来、エンクロージュアの上にただ乗せてあるだけだったのだが、今度は同じ位置に、数個のしっかりしたL字金具と、大きな木ネジとでがっちり固定した。エンクロージュアにネジ穴を開けたくはなかったのだが、もうそんなことは言っていられない。

加えて、中域用ホーンの上に敷いてあるだけだったトゥイーター用の木製ベースも、今度はホーンとがっちり一体化。しかもベースがエンクロージュアより少し奥にはみ出している部分と床との間に、長さ調整が可能な太い樹脂パイプを立てた。これも重量を支えるのではなく、揺れ止め用だ。

最後に片側2台のトゥイーターと、その上にスーパートゥイーターを乗せる。これも従来はそっと置いてあるといった感じだったが、今度は2台重ねのトゥイーターの下部を、左右からL字金具で挟み、金具はベースに木ネジで固定。さらにその上に乗るスーパートゥイーターも、トゥイーター上部との密着性を高めて一体化した。最後にボロ布のような姿になったトゥイーター用のグリルを、再びそっくり造り直して、一見では以前とほとんど変らない状態に戻った。

ただし、以前とまったく違うのは揺れに対する強さだ。試しに中域用ホーンの部分に手をかけ、力いっぱいに揺すってみようとしたが、予想をはるかに超える強度の高さで、スピーカーはほとんどびくともしない。よし、これで後は、サウンドがどうなったかの問題だ。

スピーカーの再構築には、およそ1ヵ月半から2ヵ月ほどを要した。何をやるのにも若い頃と違って、時間がかかることを認識せざるを得ない。でもその間リボンユニットには信号を流していたので、もうエイジングは完了しているはずだ。

お馴染みのローズマリー・クルーニーのCDをトレイに乗せてスタート。いつものボリュウム位置に設定して第一声を待った。イントロが鳴りはじめて「オヤ?」、何か雰囲気が違う。つづいてぼくの耳に飛び込んできた音は、何と、これまで我が家で聴いてきたロージーの声とはまったくと言いたくなるほど別物だ。ぼくは妙にあわてて取り乱したような気分になりながら、同じロージーのアナログ盤や、他の曲や、さらにCDやSACDなどから、お馴染みの曲を次々に鳴らした。

そのいずれの曲も、これまでぼくが聴き馴染んできた音とは違うのだ。もっと冷静にならなくてはと、ひと休みして再びスタート。でもやはり違う。

だがそれは当然だ。見た目にはほとんど以前のものと変らないものの、実際に変らないのは送り出し系と各スピーカーユニットだけで、スピーカーシステムとしての構造はまるで違う。これまでのものは積み木細工のように、各ユニットを積み重ねてあっただけだ。それに対して今度のは、すべてのユニットがほぼ完全にと言っていいほど一体化され、構造的にも1台のスピーカーシステムと言える状態になっている。だからユニット一つひとつの鳴り方が変るとともに、ユニット間の音のつながりも異なってくるから、トータルとしての質感やサウンドの雰囲気が変るのは当り前の話だ。

これまでだって、例えばウーファーのエンクロージュアに脚を立ててみたりなどしたことはある。だがこれまでの場合は、従来からの我が家の音がベースにはありながら、その雰囲気を単に損なうだけの印象だった。したがってただちに撤回で、この機会にサウンドを再検討してみようといったような、前向きの姿勢を促す要素などまったくなかった。

だが今回はそこがかなり違う。ぼくを動揺させたのは、まずサウンドの感触の違いなのだ。じっくり何度も聴き直してみると、例えば基本的な音色的要素はあまり変ってはいないように思える。ただし全帯域のエネルギーバランスなどは相当に異なるので、まるで音色まで別物になったように思えるが、でもそうではない。音色の変化ではなく、各帯域の音のつながりやエネルギーバランスの違いなどにより、音色が変ったかのように感じられるのだ。ただし、サウンドの質感は相当に違う。この場合の「質感」はクォリティ感の意味もあるが、同時にキャラクター感の意味も大きい。

キャラクター感の意味から言うと、これまでぼくの音の魅力的な特徴と思ってきた、柔軟な膨らみ感が、この音にはない。これまでのように、ふっくらと盛り上がるような感触ではなく、むしろ逆に、ギュッと引き締まった筋肉質のイメージとも言える。ただし温度感は以前と同じで悪くない。要するに、立体としての描かれ方が違うのだ。

ではクォリティ感はと言うと、その事だけにこだわって聴けば、むしろ従来の再生にはなかった透明度や粒立ちのよさや、あるいは立ち上がりや切れ込みの鋭敏さなどがある。ただし音楽全体としての整いのよさなどは、何処かに置き忘れてでもきたかのようだ。

新たな音造りへのチャレンジ

と言ったように、可もあれば不可もありなのだが、でもその「可」の部分に、これまでぼくが放置してきた重要なものが含まれているのではないかと思った。それは何かと言うと、再生の「リアリティ」なのだ。と言ってまさか、リアリティの重要性をこれまで意識しなかったわけではない。

ただし、ぼくがこれまで長年にわたり追求してきたリアリティは、例えばそれを木炭で描くデッサンに置き換えれば、自分だけでなく他の人にとっても「ハッ」とするほどのリアルさを感じさせるものではない。自分にはそれほどの力量がないことを承知の結果、緻密で立体的で誰もが称賛する、実物を超えたかのようなリアルさの追求には向かわず、自分の内面にだけある、自分自身にとってのリアリティを描き出す方向にむかった。これをオーディオの話に戻せば、描写の力量とは、すなわちシステムの基本的な表現力に置き換えられる。また話が理屈っぽくなってきたが、ご辛抱願う。

端的に言えば、ぼくが長年にわたり取り組んできたマルチチャンネル方式のスピーカーシステムは、基本的に欠陥システムだったのだ。だからデッサンの力量、すなわちスピーカーシステムの基本的な表現力に限界がある。その最大の問題は、各ユニットをただ積み重ねただけの構造にあるようなのだ。だからそのシステムをどう鳴らしてみても、巧みなデッサンのように人の心を捉える、ゾクッとするようなリアリティは得られない。

ぼくがこれまで手にしたように思っていたリアリティは、かつてのアナログ時代に、自分だけの「タコ壺」の中でいい気持ちになっていたのと同様で、表現力に限界のあるシステムの、その限界を問題にするのではなく、むしろ、それを好ましいキャラクターと思い込んでいた。だからその中で、ぼく好みのバランスや質感や音色による再生のリアリティを堪能しているつもりでいたが、あれは表現力の限界ゆえの、自分に対する妥協だったのではないのだろうか。

ぼくに残されていたのは、新たに音造りのチャレンジをしなければならないという現実だけだった。だがそれは、これまでにない胸の高まりを感じさせるものでもあった。

手法としては従来からやってきた、グライコやチャンデバでのエネルギーバランスの調整。それにタイムアラインメントの問題もある。だがこれに関しては、従来のようにスコーカーやトゥイーターの位置を動かして、というわけにはいかない。ともにガッチリと固定してしまったからだ。

ただしデジタル化されたチャンデバには、タイムアラインメント調整用のディレイ回路が、チャンネルごとに組み込まれている。これにより各ユニットの移動距離に換算し、５㎜単位での、十分に大幅なディレイを掛けることが可能なのだ。

ぼくが使っているアキュフェーズのチャンデバは、１９９９年発売の「ＤＦ３５」からデジタル化され、同機の時点からディレイ回路を搭載したが、ぼくはそのことを知りながらも使ってみようとはしなかった。ディレイ回路を信用しなかったわけではないが、でも、これまで通りユニットを動かすほうが間違いないと思っていたからだし、それが身についてもいたからだ。でも今回ばかりは仕方がない。機種はデジタル機2世代目の「ＤＦ４５」になっていたが、ＤＦ３５以来10年目にして、ディレイ回路を活用することになった。

第十一章　2011〜2019

再生悦楽

一体化で完成度が上がった⁉

各ユニットを積み上げただけの、言わば積み木細工のようなそれまでのスピーカーシステムと、それぞれのユニットを強固に一体化した新システムとでは、一見ほとんど同じように見えてもシステムとしての性格はガラリと変った。いや、性格というより完成度が上がったと思いたい。

何度も聴き直した結果、音色的な要素はあまり変化していないと思えたことは、すでに申し上げげた。逆に大きく変ったのはサウンドの質感なのだ。今となって思えば、これまでの、全体にやや緩みというか、ぼくはそれを柔軟な好ましい要素と受け取っていたのだが、どんな場合にも一種の音の緩みのような感触があったのはたしかだ。

それに対して今度の質感は、緩みではなくギュッと引き締まった方向で、好みを別にすればクォリティ感は今度のほうがかなり高い。ただし、まだエネルギーバランスがとれていないので、この段階ではけっしていい鳴り方の音とは言えない。

やるべきことはこれまでと同じで、ユニット間のタイムアラインメント調整や、チャンデバでの帯域分割の再調整。さらにグライコによる、エネルギーバランスの微調整などだ。

タイムアラインメントの調整に関しては、すでにスコーカーやトゥイーターを固定してあるので、今回からはチャンデバに内蔵されているディレイ回路を使うことになる。長年、何となく信用できないような気がして、使うことがなかったディレイ回路だが、使ってみると「なかなか結構な機能だ」などと、そっと一人で苦笑いである。

しかも、この回路の便利さを納得するとともに、今回、さらに認めざるを得なかったのは、やはり各ユニットを単に積み重ねただけで一体化していなかったという、スピーカーシステムとしての構造の問題だった。

サウンドの質感やエネルギーバランスが変ってしまったことから、はじめは気付かなかったのだが、しばらくしてふと考えてみると、従来よりずっとテンポよく音の調整などが進むことに気付いた。これまでのような行きつ戻りつがひじょうに少なく、サウンドの決まりが早いのだ。例えばグライコでのレベル調整にしても、操作に対応した音の反応が機敏で明確だ。ちょっとしたレベル変更に対しても、変らないときは変らない。変るときはわずかでも、それに応じて鋭敏に変化する。

はじめはそのことに戸惑ったりさえした。応答の機敏さのみではなく、サウンドの質感そのものの感触も異なるので、逆に、自分の思うような鳴り方にならない、といった気分になったのもたしかだ。でも、これは駄目だと放棄する気は起きなかった。逆に、それでもこれなら絶対にものになると感じた。なぜならそこからは、ぼくのシステムで過去に体験したことのないサウンドの新鮮さや、繊細さや、透明感や、それに弾力性を感じさせながらの、ギュッと引き締まった表情のよさなどを実感することができたからだ。

しかも前記したように、その音のまとまり方がこれまでよりずっと確実で敏速だった。長年にわたり、ぼくは何という無駄をしてきたのだろうとも思ったが、しかしそうとも言いきれない。無駄のように思えるそれらの中のいくつかが、きっと経験を重ねることで小さな結晶になり、現在のぼくのサウンドに対する感覚や、コントロールの能力を生み出しているはずとも言えるではないか。

これまでのぼくの音には、耳障りな質感に陥りがちな部分を、必死になって避けるように逃げ回りながら、何とかして粗を出さずにまとめようという意識がどうしてもあった。実際にそうせざるを得なかったのだ。プログラムソースの例で言えば、すでに何度も話に出したステレオLP初期の、ブダペスト弦楽四重奏団による「ベートーヴェン：弦楽四重奏曲第4番」などその好例だ。CDでもギル・シャハムの弦による「シベリウス：ヴァイオリン協奏曲」や、もっと新しいものでも、例えばコントラルトのナタリー・シュトゥッツマンが歌う「シューベルト：冬の旅」などなど、枚挙にいとまがないとさえ言える。

少し具体的に言えば、ぼくにとってもっとも気になるのは３ｋHz〜６ｋHz付近までの、中高域での強奏時の表情なのだ。ことに３ｋHz付近と自分では思っているのだが、強奏される楽音がこの帯域付近で鋭さや粗さや硬さを強め、耳を鋭く刺すような印象になるのが耐えられなかった。

３ｋHz付近は、ぼくのシステムではスコーカー（ミッドレンジ）とトゥイーターとのクロスオーバーポイントあたりである。そのためにこのクロスオーバーは、２ｋHzぐらいから６ｋHzぐらいの間を、これまで何度も行き来してきた。もちろん同時にタイムアラインメントの調整や、グライコでのレベルコントロールなどを繰り返しながらだ。

その結果、先にも申し上げたが、グライコやチャンデバがデジタル回路化された頃からだから、時代としては21世紀に入る少し前あたりから、レベルコントロールなどの成果が比較的うまく活かせるようになりはじめた。したがって、これまでなかなか楽しめなかった曲も、次第に楽しめるようになってくれた。ただしそれは、考えてみればサウンドの質が向上した結果ではなく（それもゼロではないだろうが）、弱点をうまく覆い隠せる鳴らし方を身につけたからと言うべきなのだ。

それに対し各ユニットを強固に一体化した「激震」後のシステムでは、これまで、どうしても逃げなくてはならない帯域に対しても、逃げ腰のバランスである必要がなくなってきた。例えばギル・シャハムの弦の張りや輝きを、「きっと鋭くなりすぎるぞ」と思えるようなバランスで再生しても、鋭くはなったとしても硬質な鋭さではなく、むしろ鋭敏な鳴り方と言うべきであり、しかもそこにはウェットな艶の感触さえ浮き出している。

チャンデバの内蔵ディレイ回路を何年も使わなかったことと同じように、チャンデバに関してはもう一つ、やはり何年も使おうとしなかった機能がある。

普通チャンデバでは、各チャンネルの遮断特性（低域側と高域側のスロープ特性）が選べるようになっている。ただしアナログ機の頃は⊖12dB／octが標準で、それ以外に⊖6dBや⊖18dBや、⊖24dBなどが選べる程度だった。この標準とされていた⊖12dB／octでは、1オクターブごとに12dBしか信号が減衰しない、なだらかな遮断特性だから、隣の帯域と重なり合う部分が多いことになる。例えば低域と中域間なら、両者のつながり部分で双方の音が重なり合い、音楽の中のある同じ部分を異なる2つのスピーカーで鳴らすことになる。

でも、ぼくがマルチアンプをはじめた頃は、それでいいとされていた。その部分で両方のスピーカーユニットの音が混ざり合うことにより、滑らかな音のつながりになるし、そうしたことで音色的にも好ましい味わいを生み出すのが、オーディオの手腕だと言われていた。従ってぼくも⊖12dB／octを標準と考え、とくにウーファーとスコーカーの関係などでは、コーン型ウーファーの音がホーン型スコーカーの音と適度に混ざり合い、暖かさと弾力性のある音を創り出しているのだと信じていた。

だがデジタル化されたチャンデバの登場により、この遮断特性の数が増加。とくにアナログ機では考えられなかった㊀96dB／octといった、急峻な特性が加わった。しかしアナログ機時代には、遮断特性を急峻にすればするほど信号に位相回転が生じて、音に悪影響を及ぼすと言われてきた。だからそのてんでは㊀6dB／octが好ましいのだが、少しなだらかすぎる可能性もあるので㊀12dB／octが標準となったのだろう。

デジタル化されたチャンデバが登場した頃、デジタル回路なら信号の位相回転は発生しないとも言われたが、これは間違いで、回路が何であろうと信号レベルを変化させれば位相は回転する。ただし、信号の位相回転は測定機上では確認できるが、耳で聴く音としては認識不能なものというのが現在の考え方だ。でもぼくはデジタルディレイと同じように、この急峻な遮断特性にもほとんど関心を示さず、十数年も無視しつづけていたのだ。

ところがある日、チャンデバなどを色々といじりながら音を鳴らしていて、思わずハッとして座り直した。突然いつもの音とは印象の違う音が鳴りはじめたのだ。とくに低音の質感が違って、妙にいい感じの鳴り方なのである。どうしたのだろうとチェックしてゆくと、スコーカー用チャンネルの低域側遮断特性が㊀12dBではなく㊀96dBになっている。うっかりして設定数値を間違えたのだろう。

だが問題は、それがいい音だということなのだ。スッキリとして抜けがよく、エネルギー感もあるし弾力性もいい。内心では、そんな馬鹿なとも思ったのだが、でもそれ以外に音が変る理由がない。もちろん直ちに㊀12dBに戻して聴き直した。すると聴き慣れたいつもの音に戻った。

この場合㊀12dBの遮断特性だと、ウーファーとスコーカーの音がかなり幅広く重なり合うことになるのだが、㊀96dBならほぼ垂直に近い遮断特性になるから、両ユニットの音の重なりはほとんどないと言ってもいいほどだ。でもこの場合、急峻な遮断特性はまだスコーカーの低域側だけなので、それならばと、ウーファーの高域側も同じく㊀96dBにしてみた。これでスコーカーに対するウーファーの音の重なりも激減するわけだ。

結果はもう言うまでもない。低域ばかりでなく中域も、まさに音の純度が高まったと言うのがいいだろう。各ユニットをしっかり固定したことによって、サウンドの新鮮さや繊細さや透明感や、それに弾力性を感じさせながらのギュッと引き締まった表情のよさが得られたことに、まさに感動していたわけだが、さらにそこに生気を吹き込むとも言いたい音の魅力が加わってくれたのだ。同時に、ぼくは何という間抜けなのだろうとも思った。この機能を十数年も放置していたのだから。

考えてみれば、異なる2つのスピーカーユニットが同じ帯域を鳴らしていて、いい音になるはずなどないではないか。

もちろん早速、スコーカーとトゥイーター間も⊖96dBにした。それにスーパートゥイーターも、これまでは単に9kHz以下を⊖12dBで切るだけでトゥイーターの上にそのまま重ねた、いわゆる3・5チャンネル方式だった。これがスーパートゥイーターの、ごく一般的な使い方だったのだ。しかしそれもトゥイーターの高域を9kHzで切り、その上をスーパートゥイーターが受け持つ正規の4チャンネル構成にした。言うまでもなく、この両ユニット間も⊖96dBの遮断特性によってだ。

こうした一連の変更により、サウンドはまさに一変したとぼくは思っている。もちろん一変と言っても、前記したように基本的な音色そのものはとくに変ってはいないので、基本的には明るく暖かく伸びやかで、しかも音の厚みや弾力性に富んだものだ。でも、その音の表現力が高まった。何度も例に挙げるが、絵画でいえば基本となるデッサン力が格段に高くなった印象なのだ。

現われる音像の一つひとつに生気がある。それに音場や音像の立体感もリアルだし、表情も繊細で色濃く初々しい。強いて言えば音の翳りの部分での深みが、やや描き込み不足の印象でもあるが、しかし、これも遠からず解決できる自信があった。

過熱状態に陥ったアナログ熱

３・11の地震でぼくの部屋がめちゃくちゃになる少し前に、ブルメスターのフォノアンプ「１００」を購入したことはお話しした。ＣＤ誕生の時点で、アナログレコードは5年以内ぐらいで世の中から消滅すると言われた。たしかにプログラムソースの主流の座は数年にしてＣＤに代わり、アナログレコードの新譜はまったく目にすることがなくなった。

でもオーディオマニア達の間には、ぼくもその一人だったわけだが、必ずしもアンチＣＤ派に限らずとも根強いアナログレコードの愛好者が居たので、オーディオの世界からアナログ再生の灯が消えることなどなかった。それればかりか21世紀に入った頃から、世界的にもアナログ再生の熱気が高まり、ＣＤにはないその面白さがあらためて吹聴されるようになった。

単純に音の面では、アナログ再生はＣＤよりずっと難しいと思うが、だからこそ、その難しさの部分に秘められている、趣味としての奥の深さや面白さが再認識されはじめたわけだ。

と言っても、アナログレコードの新譜がどっと登場してきたわけではないから、アナログ熱をじわじわと復活させたのは、昔のレコードを宝物のように抱え込んできた人達であり、けっして若者ではなく、中・高年のオーディオマニア達だ。一時期はほとんど、新製品の登場などないに近い状態だったこのアナログ再生の市場に、若者では手を出せないが彼らなら反応してくれるはず、といったハイグレードなアナログ機器が少しずつ増えはじめた。その一つがブルメスターの単体フォノアンプ「100」だったわけだ。

ぼくがこのモデルを知ったのは、「ステレオサウンド」誌の新製品欄で同機を担当したからだ。ただし年末の号（177号・2010年12月発売）だったので試聴室が混み合って使えず、取材は我が家の部屋で行なうことにした。年末号にはよくあることだし、そのほうがぼくにとっても分かり易い。

そのときのぼくの部屋のアナログ系は、プレーヤーがマイクロ「8000Ⅱシステム」で、フォノアンプはすでに15年ぐらい使ってきた、オーディオクラフトの「PE6000」だ。このフォノアンプをブルメスター機に入れ替えて聴くことになる。

その時点でぼくは現用のフォノアンプにほとんど不満はなかった。それにブランドとしてのブルメスターとフォノアンプとは、あまり強いつながりのイメージも感じなかったので、実のところ特別に期待はしていなかった。

ところがまず鳴らした何曲かのヴォーカル曲で、ぼくは我が耳を疑う。いつも聴く音とまったく違うのだ。まるで他の人の部屋で自分のレコードを鳴らしているようであり、しかもそれが、これまで我が家では聴いたことのない、瑞々しさや躍動感に満ちた素晴らしい音なのだ。もちろん次々に色々な曲を聴いていったが、どれも実に表情が豊かで立体感に富み、好ましいリアリティなのである。

ここで同機を詳細に説明するゆとりはないが、ただ一つ、これまでぼくはフォノアンプで体験したことのない回路構成が本機にはある。それはＲＩＡＡ回路の一部を除き、それ以外はすべてバランス構成ということだ。

もちろん事前にそのことは知っていた。それにカートリッジの出力は原理的にバランス出力なのだから、そのてんでは悪くないはずとも思った。だが結果は、「悪くないはず」どころではない。もちろんバランス構成の成果がすべてではないと思うが、ともあれ、もうぼくには無視できない存在となり、何日か後には我が家のオーディオクラフト機と、その役割を交替することになった。

この頃からオーディオ界のアナログ熱は一層の高まりを見せ、「アナログブーム」などという言葉が一般新聞の紙面にまで現われたりした。そして長らく見ることもなかった、新録のアナログＬＰ盤（マスターはデジタル）が発売されたり、ときにはＣＤとＬＰ盤が同時発売の例も現われるようになる。さらにそこに、新録物ではなく往年の名盤復刻も加わるなどで、アナログ熱をさらに高めていった。

そんなところに登場したのが、ぼくが使っているアナログプレーヤー、マイクロ「8000Ⅱシステム」の現代版とも言うべき、テクダスの「エアフォース・ワン（Air Force One）」だ。8000Ⅱシステムはすでに25～6年も使いつづけてきて、何のトラブルも不満もない、まさに愛機だったのだが、テクダス機と比べてしまうとさすがにイメージは冴えない。

そればかりではなく、テクダス機を実際にぼくの部屋の8000Ⅱシステムと置き換えて鳴らしてみると、基本的には似たような感触の音でありながらも、まず空間の静寂さが違うし、そこに浮き立つ音の鮮度感や切れや、そして緻密さなどが明らかに異なるのだ。それに試聴のために両機を入れ替えてから、あらためて元に戻してみると、長年つきあってきた8000Ⅱシステムが急に疲れはてた老人のようにさえ思えてくる。実際に8000Ⅱシステムは、視覚的な魅力には乏しいモデルだったのも事実だ。それに対してテクダス機は、堂々としているばかりでなく眩いばかりの新鮮な装いではないか。かくして間もなく、ぼくの部屋のプレーヤーが最新モデルに入れ替わったのは申すまでもない。

オーディオ界のアナログ人気とひさびさの新型プレーヤー導入などにより、ぼくのオーディオはアナログ再生にウェイトを傾けて動きはじめた感がある。なぜかと言えばその翌年、ブルメスター「100」はまだ数年しか使っていないと言うのに、再びぼくの心を捉えて離さないフォノアンプに出会うことになったのだ。

それはアメリカの新進ブランドである、コンステレーション・オーディオの「ペルセウス(Perseus)」というモデルだ。コンステレーション・オーディオはご存じのように設計をチームワークで行なうことを特徴とし、どの製品も設計者の個人名を挙げていない。ところがこのフォノアンプだけはなぜか例外で、まだ発売する以前から設計者として「ジョン・カール」の名を掲げていた。

ジョン・カールはぼくにとっても忘れられない名なのだ。と言っても実際にどんな人物かは知らないのだが、ぼくが1977年以来二十数年も使っていたプリアンプ、マークレビンソン「LNP2L」の内蔵フォノ回路が彼の設計だった。その頃は気に入ったプリアンプとは、内蔵フォノ回路の音が気に入ったとも言えたわけだから、ぼくが長年LNP2Lから離れることができなかったのも、彼の回路に魅入られていた部分が大きかったからだと思う。

だがジョン・カールはマークレビンソンを離れて以後、日本ではほとんどその名を耳にすることがなくなった。ところが前記のように、設計者の名は出さないはずのコンステレーション・オーディオがフォノアンプに限り、発売前から「ジョン・カール設計」を掲げていたのだ。日本ではほとんど彼の名を聞くこともなくなっていたが、アメリカでは「フォノアンプ設計の鬼才」として知られていたらしい。

このモデルは最初、ステレオサウンド社の試聴室で新製品取材のために聴き、予想をはるかに超える素晴らしさに驚嘆。その結果どうしても我が家に持ち込んで試したくなり、輸入元に懇願して一週間の約束で拝借した。だが以来すでに3年になるが、依然としてぼくの部屋のラックに納まりつづけている。あまりの素晴らしさに返却できなくなってしまったのだ。かなり高価な製品だが、それにふさわしく、本機ではRIAA回路も含めた全段バランス構成。それに2シャーシ設計とした電源部別筐体というのも、フォノアンプに対するぼくの主張にかなうものだ。

それでもぼくのアナログ熱はまだ収まらなかった。翌々年の2016年には、最初その値段に「嘘だろう?・」と思いつつも、プレーヤー「エアフォース・ワン」のメインのポジションにマウントして見ると、あまりにも決まりすぎて外せなくなったトーンアームに出会ってしまう。スウェーデンのニューブランドSATの「ピックアップ・アーム(Pickup Arm)」というモデルだ。

もちろんスタイルだけを気に入ったのではない。本命は当然サウンドなのだが、徹底的に振動を排した重量級の造りや、大柄だがシンプルなショートアーム型の設計などは、まさにぼくのアームに対する思想と同じで、かつ、明らかにそれを超える具体例なのだ。1本ごとの手造りとのことで(だから高価にならざるを得ないとの主張には、ぼくは納得できなかったのだが）、でも製品の出来栄えには抗しきれず、数ヵ月間待たされ、ついにプレーヤーのメインの座に納まっていた「ＦＲ６４Ｓ」が、サブアームの席に移ることになった。

そしていま「再生悦楽」

ずっと以前に読者の某氏宅を訪れた折り、「サインを頂戴したい」と、縁取りをした立派な色紙を出された。「生来の悪筆なので、こんな立派な色紙には……」とお断りのつもりで言ったのだが、「もしオーディオの座右の銘などお有りなら、それを大きく書いていただき、その横にサインを……」と、まったくぼくの言い分など通じない。

でも座右の銘と言われて、ふと頭に浮かんだ言葉があった。その頃、大相撲の横綱昇進の挨拶などで使われた漢字の四文字言葉が話題になったりしていたので、そんなことに影響されての思い付きだったのだろう。それが「再生悦楽」の四文字言葉だった。

太いフェルトのサインペンをお借りし、縦に大きくその四文字を書きなぐり、横のほうにサインをしてその場を凌いだ。

だがそれ以来、その「再生悦楽」が何となく自分でも好きな言葉になり、ときに文章のあそびに使ってみたりもしたし、いつの間にか自分でも、ぼくのオーディオを象徴する言葉のように思ったりするようになった。したがってここまでにもお伝えしてきたような、自分でも「やった！　ついにオーディオの高峰を手にしたぞ」などと、思い上がった勘違いをしたときなど、頭の中にこの四文字を想い浮かべ、一人で悦に入っていたこともある。

だがこれまでは何時も、長くて1年。短ければ1週間程度で、頭の中の夢の四文字は消え去ってしまった。そしてまた、ぼくの音も振り出しに戻るのである。しかし今回はすでにほぼ3年以上。これほどの長期にわたり、心から満足できる再生に浸りつづけていた経験はかつてないことなのだ。

もちろん目下もっともお気に入りなのはアナログ再生だが、でもCDもSACDもいい。いや、プログラムにもよるが、それらの音がますます接近し、あまり区別が付かないと言っても過言ではない。

と同時に、前記したフォノアンプの「ペルセウス」と、2本のアーム「ピックアップ・アーム」と「FR64S」を搭載したプレーヤー、「エアフォース・ワン」とによるフォノシステムは、長年にわたるぼくのアナログ体験の中でも、「もう、これ以上はなかろう」と思わせるものと言いたい。

フルニエが弾くバッハの無伴奏

ところで話は１９８１年に遡るが、当時来日したピエール・フルニエの「バッハ：無伴奏チェロ組曲」を聴きに、上野の文化会館小ホール（あるいは旧・石橋メモリアルホールだったかも）に出掛けた。全6曲を2日間にわたり1日3曲ずつという贅沢なコンサートだ。すでに70歳を過ぎ、しかも足にハンディを持つフルニエだからでもあったのだろう。実はぼくはバッハの無伴奏はフルニエが好きだったのだが、その頃聴いていたのは名演として定評のあった、１９６０～61年に録音のアルヒーフ盤だった。

演奏が始まったとき、ぼくは無意識にいつも聴くそのアルヒーフ盤の演奏を頭に浮かべていた。ところが鳴りはじめたのは「これは違う曲ではないのか」と思わんばかりの別物。しかも、あのアルヒーフ盤に漲る生気に満ちたエネルギーではなく、妙にトロンとした音で、しかも押さえの効かない音の緩みさえ感じさせる。「参ったなー。これを2日間も聴くのは辛いぞ」と思った。

しかし、そんなことを思ったのは冒頭のほんの一瞬のみのことだ。ふと気が付くと、もう、そんな意識は何処かに吹き飛んでしまい、ぼくはただ、薫るような甘美な音色と、ゆったりと漂いながらも凛とした格調ある響きを奏でるその演奏に、まったく身じろぎもできないほど魅せられ、浸り込んでいた。アルヒーフ盤のときからは20年ほど経過していたわけだが、この間にフルニエの演奏は信じ難いばかりに熟成し昇華していたのだった。

だがその結果、ぼくは自宅でバッハの無伴奏チェロ組曲を聴くことができなくなってしまった。なぜなら、その時点でぼくが持っていたフルニエのバッハはアルヒーフ盤以外になかったからだ。

しかしフルニエは、その来日時より数年前の１９７６～77年にかけて、二度目のバッハ無伴奏を録音していたのだ。しかし、現在のような情報化時代ではなかったこともあり、ぼくはその録音のことも、そのレコードがいつ発売されたのかも知らなかった。当時はそんなことも多々あったわけだ。ぼくがそのことを知り、手を尽くしてやっと日本フィリップス盤を入手したのは、たしか１９８５年頃になってだったと思う。そしてその演奏は、まさにあのときの上野でのものと同じと、そのときは思った。

でも、演奏はたしかに同じだったとしても、当時のぼくのシステムでの再生では、コンサートのときの音の感触や、絶妙なうねりや漂いや抑揚などが醸しだす、あの感動の領域にはまったく及ばないことに間もなく気付きはじめる。例のベートーヴェンの弦楽四重奏の場合とは逆で、あのときのフルニエの演奏会での、冒頭の一瞬の誤った印象が蘇るような鈍さになり、演奏の品位が伝わってこない。そんな思いを何度も繰り返したことから、その後はこの盤を聴くこともあまりなくなっていた。

今回、そのフルニエ盤をひさびさに取り出して、恐るおそる針を降ろしてみた。ぼくは6番が好きなのだが、演奏会は第1番から曲順どおりだったので1番をかけた。やがて身体の中でじわじわと熱気が高まりはじめた。そして頬が紅潮してゆくのを感じた。ついに鳴ってくれたのだ。内心ではレコーディングを疑ってもいたが、レコーディングは極上だったのだ。ぼくは拘って、その日は1番から3番までの3曲を聴き、次の日に残りの3曲を聴いて、36〜7年も前の感動を再び噛みしめたのだった。

このディスクと例のベートーヴェンの弦楽四重奏曲とでは、再生の難しさが正反対の方向を向いているとも言える。それを現在では、ともに不満のない魅力再生で楽しむことができるようになった。ぼくは改めて「再生悦楽」の四文字を思い浮かべ、ついに手にしたと満足感に浸るとともに、夢ならば覚めないでくれと願っている。

スタートから54年もの歳月が過ぎた

いま2018年の秋。1964年に中古品のアンプと手造りのスピーカーやプレーヤーでぼくのオーディオがスタートしてから、すでに54年もの歳月が過ぎた。

1969年に買ったウーファー、アルテック「416A」は来年で50年目を迎えることになるが、依然として健在で我が家の低音を受け持っている。それに、発熱で基板を焼いて驚かせたパワーアンプ、マークレビンソン「ML2L」も、以来、何度も出力素子を飛ばしたりはしたが、すでに41年目を迎えながらも頑張っている。また、つい最近だったような気さえしていた、TADのドライバー「TD4001」と「TH4001」ホーンでさえも、すでに34年も鳴らしている。それにGEMのリボン型トゥイーター「TS208」も、3・11の激震で落下しリボンの張り替えなどは行なったが、これも26年目を迎えている。このほかトゥイーターをドライブしているクレルのパワーアンプ「KSA50S」も、24～25年目になるはずだ。

だが逆に、先程もお話ししたアナログ系は、トーンアームの「FR64S」と、現在それに組み合せているカートリッジの「ロンドン・ジュビリー(旧Decca)」以外は、いずれも最新モデルだ。またプリアンプのマークレビンソンも№．３２Ｌの後継機で、我が家のアンプでは初のデジタル電源を持つ「№５２」にチェンジした。このほかＣＤプレーヤーがアキュフェーズ「ＤＰ９５０＋ＤＣ９５０」。グライコとチャンデバもともにアキュフェーズ機で「ＤＧ５８」と「ＤＦ６５」と、いずれも現時点での最新鋭機だ。

要するにオーディオ機器には、何年使おうとも容易に手放せないばかりでなく、製品としての魅力も高まってゆくモデルと、逆に最新製品であることによって、一段と高性能な価値を生み出すモデルとがあると言うことだ。そして理想のシステムとは、その両者が絶妙なバランスを発揮した状態ではないだろうか。自画自賛を許していただけるなら、現在のぼくのシステムはその得難い領域に、やっと一歩踏み込むことができたのだ。

夢ならば覚めずにいて欲しいと願いつつ、目覚める前にこれをもって「ぼくのオーディオ回想」を終了したい。ご愛読いただいた読者諸氏に深く感謝。

追記

たった何行か前に「いま２０１８年の秋」と記し、最後に「ぼくのオーディオ回想」も終了と、締めくくったつもりだった。勿論まだまだ、ぼく自身のオーディオを終りにするつもりなどなく、おそらく生ある限りつづくのだろうと思っている。だが現在のぼくのシステムに関しては、もう、それほど機器が入れ替わったりすることもないだろうし、それに「現在」にたどり着いたのだから、当然そこが回想の終点であったわけだ。

ところがこの最終回の原稿は、２０１９年12月に発売される「ステレオサウンド」誌２１３号の掲載分なので、1年ほど早く書き上げていたわけだ。しかし、そのわずか1年の間に……、いや実際には半年も経っていない２０１９年の2月に、早くも、思わず我を忘れてしまうような魅力製品と出会う事態になってしまった。

それは最近のぼくが、ブルメスター「１００」やコンステレーション・オーディオ「ペルセウス」など、かなり背伸びをしながら手にしてきたフォノアンプの、さらに数段も上を行くと言わざるを得ないモデルなのだ。その製品はＨＳＥスイス社の「マスターライン７（Masterline 7）」という、スイスの名門であるスチューダー社の血をひくモデルだ。

しかも値段は、コンステレーション機のおよそ倍という信じがたい額なのだが、再生の実力も並みではなく、アナログ再生の世界をさらに数倍も拡大してくれるものと思った。そしてぼくは、最近の世界的なアナログ再生ブームを喜びつつ、同時にまた恨みつつも、ついにオーダーしてしまった。以来、およそ5ヵ月近くも待たされた２０１９年7月に、やっと我が家のラックに納まった。

鳴らしはじめてまだ1ヵ月足らずだが、我が家のアナログの音に、かつて感じたことのなかったある種の凛々しさとでも言おうか、そんな音の佇まいが次第に現われはじめた。アナログにはいままで聴かせてくれなかった、こんな音まで秘められていたのかと、暑い夏の毎日が楽しくてたまらない。

従って、この夏の熱気と同じように、ぼくのオーディオ熱もまだまだ冷める気配はないようだ。ではあっても「いま2019年の夏」。これをもって「ぼくのオーディオ回想」は、今度こそ本当に終了。

Yanagisawa's Favorite Records

シングス・バラッズ
ローズマリー・クルーニー
（Concord）　※録音：1985 年

シベリウス：ヴァイオリン協奏曲
ギル・シャハム（vn）
ジュゼッペ・シノーポリ指揮フィルハーモニア管弦楽団
（Deutsche Grammophon）　※録音：1991 年

ヴェルディ：歌劇「椿姫」
イレアーナ・コトルバス（S）、プラシド・ドミンゴ（T）
シェリル・ミルンズ（Br）
カルロス・クライバー指揮バイエルン国立管弦楽団、他
（Deutsche Grammophon）　※録音：1976～1977年

シューベルト：3 大歌曲集（冬の旅／美しき水車小屋の娘／白鳥の歌）
ナタリー・シュトゥッツマン（コントラルト）
インゲル・ゼーデルグレン（p）
（Erato） ※録音：2003 ～ 2007 年

スカボロー・フェア～イギリス諸島の歌
ブリン・ターフェル（Bs-Br）
バリー・ワーズワース指揮ロンドン交響楽団、他
（Deutsche Grammophon） ※録音：2007 ～ 2008 年

プッチーニ：歌劇「トゥーランドット」
ティツィアーナ・カルーソー（S）
カルロ・ヴェントレ（T）、浜田理恵（S）
アンドレア・バッティストーニ指揮東京フィルハーモニー交響楽団、他
（Denon） ※録音：2015 年

パガニーニ：24のカプリース
神尾真由子（vn）
（RCA/BMG）　※録音：2009年

ベートーヴェン：初期弦楽四重奏曲集（第1番〜第6番・作品18）
ブダペスト弦楽四重奏団
（Columbia）　※録音：1958年

J.S.バッハ：ゴールドベルク変奏曲
グレン・グールド（p）
（CBS SONY）　※録音：1981年

サン＝サーンス：交響曲第 3 番「オルガン」、他
エド・デ・ワールト指揮サンフランシスコ交響楽団
ジャン・ギユー（org）
（Philips）　※録音：1984 年

チャイコフスキー：マンフレッド交響曲
ズデニェク・マーツァル指揮チェコ・フィルハーモニー管弦楽団
（Exton）　※録音：2010 年

ストラヴィンスキー：バレエ「春の祭典」（1947 年改訂版）
テオドール・クルレンツィス指揮ムジカエテルナ
（Sony）　※録音：2013 年

J.S. バッハ：無伴奏チェロ組曲（全曲）
ピエール・フルニエ（vc）
（Philips） ※録音：1976 ～ 1977 年

愛犬ヘンデル（ラブラドール・レトリーバー）
Photo：Isao Yanagisawa, 2018 年 4 月 5 日 東京、石神井公園にて

BONUS TRACK

オーディオマニアの本質

最近ぼくは原稿のまくらに、日本では長年『ビクター・マーク』で親しまれてきた仔犬のニッパー君に、何度も登場してもらった。今回もまた同様で話はそのニッパー君からはじまる。ご存じのようにあの絵のエピソードは実話で、フォックス・テリアのニッパー君がエジソンの蝋管式蓄音器に吹き込まれていた亡きご主人の声を聴き、怪訝そうにホーンを覗き込んでいる可愛らしい姿だ。だからオリジナル画は録再タイプの蝋管式だったのだが、のちに円盤型蓄音器に描きかえられたとのこと。

こうしてニッパー君の話を何度も持ち出すのは、たしかにぼくが犬好きだからではある。しかしまさかそれが理由ではなく、あの絵こそ、我々オーディオマニアの心情を象徴するものと思えてならないからだ。でも『亡きご主人の……』というセンチメンタルな部分ではなく、そこにいるはずのない人の声が、人間の造った機械から聞こえることの不思議さ。その不思議さへの尽きぬ興味を、ぼくはあの絵から強く感じるからにほかならない。そしてこれこそオーディオマニアの本質に違いないと思っているからだ。

そう、ここでは『オーディオマニア』と呼んでいるが、以前そう書いたところ『マニア』というのはあまり感じのいい言葉じゃないと指摘されたことがあり、以来『オーディオファイル』と書くようにしてきた。しかし今回あらためて、自分の、そして我々のオーディオを考えてみたとき、それは『ファイル＝愛好者』なんてものではなくて、まぎれもなく『マニア＝熱狂者』そのもの。だからオーディオこそ我が命と言えるほど、それは何物にも替え難く、はた目には異常と思われるほどに、どこまでも拘りぬくのである。それにはやはり『オーディオファイル』では、そこにある活火山のような燃えたぎる熱気が伝わらない。

感じのいい言葉であろうがなかろうが、やはり我々は『オーディオマニア』だ。したがって今回の原稿から再び『オーディオマニア』と呼ぶことにした。このオーディオマニアの本質こそ、あのニッパー君の怪訝そうな顔付きと重なりあうものだ。この際、米国ＲＣＡとか英国グラモフォンとか、それに日本ビクターとか、ニッパー君が関わってきたブランドのことは別として、あの絵は、オーディオの不思議さと面白さを象徴するものであり、オーディオマニアのシンボルとも呼びたい。

一般にオーディオは音楽と切っても切れない関係にあると言われている。でも『一般に』ではなく『一般の』ならその通りだが、あまり一般の、とは言いにくいマニアのオーディオの場合には、けっして音楽と、切っても切れない関係とは言えない場合もある。

もちろんオーディオマニアのほとんどは音楽好きである。だから好きな音楽と好きなオーディオがうまく結びついているのだが、と同時に音楽は再生の材料、すなわちプログラムソースとしていちばん都合がよいからと言えなくもない。要するに、オーディオマニアが本当に好きなのは、音楽以前に『再生』行為そのものなのだ。音楽など奏でられるはずのない紙や樹脂や金属などの振動板が、人間の叡智により、あたかもそこで演じているかのように音楽を奏でる。この不思議さと、それにただ怪訝そうにホーンを覗き込むニッパー君とは違って、その不思議を解きあかし、もっと魅力的な音を自分の手でものにしようと挑戦する。これこそ、オーディオマニアのマニアたる所以なのだ。

だから極論すれば、プログラムソースは必ずしも音楽である必要はない。音楽とは無縁な人であってもオーディオマニアたりうる。自然の虫や鳥の声でもいいし水音でもいいし、それに例の雷鳴やSLやジェット機の轟音だって、そんなことはあり得ないはずの自分の部屋でそれを再現させることに夢中になれるのなら、まぎれもなくオーディオマニアである。

ぼくの場合たまたま音楽好きであり、自分の部屋でガンガン音楽が鳴り響くことに文句がないばかりか大歓迎だ。しかし落雷やジェット機が飛び交うのは御免被りたいから、その種のものはプログラムソースとしないが、これは単に好き好きの問題だ。繰り返すが、音楽は嫌いでもいい。わからなくてもいい。しかし再生のメカニズムや、それに製品も含めたオーディオ知識、そしてわずかでも自分の求める音に近づこうとする、しつこいほどのチャレンジ精神と実行力。これだけはオーディオマニアとして欠くことができないのだ。

だからその行為ははた目には、いささかバランス感覚を損なった異常さに映るかもしれない。部屋の中には不釣り合いに大きいスピーカーやアンプ。人によっては大蛇のごときケーブルが這いまわっていたり、あちこちに吸音グッズがあったりもする。当然、経済的にも身のほど以上のことになる例だって少なくはない。

現在では音楽好きを自認する人のほとんどが、演奏会で音楽を聴くより自宅のオーディオ装置で聴くほうが多いはず。その結果、音楽ファンもオーディオマニアも同じ趣味の人種と受け取られがちだ。しかし、音楽ファンにとってのオーディオ装置は音楽を楽しむための道具にすぎないし、再生されたものは、どんな名曲でありまた名演であったとしても、いずれも、その作曲家やその演奏家の作品である。

いっぽう我々オーディオマニアにとってのシステムは、それ自体が趣味の核でもあり、また自らの分身ですらある。だからそのシステムによる再生は、それが演歌であろうがポピュラー曲であろうがクラシック曲であろうが、いや、爆走するＳＬの轟音であったとしても、理想の再生を目指し自らの感性と努力と、それに財力も傾けつくして生み出した、その時点での、世の中にたった一つの貴重な自分の作品なのだ。

いま、あえて『その時点での』と加えたのは、このマニアの作品づくりには終わりがないからである。日進月歩のテクノロジーに触発されることもあるし、歳の積もりに応じた分別の変化もある。それにプログラムソースの問題もある。その一つひとつを敏感に慎重に感じとり、どう対応すべきかを熟慮して再生に反映させる、その行為自体が楽しいのだ。

音楽を聴くためだけなら、アナログ盤よりCDのほうがずっと便利なことは誰もが認めるところだ。しかし、マニアの世界ではいまだアナログ再生が途絶えないばかりか、ブーム再燃とも言われたりするのは、一つにはアナログ再生のほうが手が掛かるからである。手が掛かるということは、それだけ手を掛ける要素があるわけで、その要素が多いほどそれを再生に活かせる可能性が増し、すなわち面白いのだ。

それでもあるとき自分の再生にひじょうな満足を感じ、これでついに完成。あとはじっくり音楽が楽しめるぞと思ったりすることもある。ところがそう思ったとたんに、いっぽうで猛烈なつまらなさを感じる。マニアのオーディオとは、落ち着いてしまうとつまらないものなのである。つねにカリカリしながら理想の再生を追い求めるのがマニアで、システムそのものも、その再生音も、すべて一人のマニアの自己表現だ。だからこそ旧くから『音は人なり』と言われる。

この、一歩でも理想の音に近づきたいとのマニアの行為は、ときとしてオーディオのメカニズムや回路などの物理的な特性にすがりすぎる傾向も生じる。音の記憶や判断があまりにもたしかさに乏しいことから、理論や数値にたよりたくなるのだ。その結果ともすると、解像力だのワイドレンジだの歪み率だのといった数値ばかりが感じられ、逆に生命感に乏しい再生に陥ることも少なくない。

こんな音のことをよく音楽畑の人たちは、オーディオマニアの音は硬かったり鋭かったりで音楽性に欠けると言う。たしかにその通りではある。しかしマニアの音は一人ひとりの作品なのだから、すべてが完璧は無理だし、それにどの作品もすべてチャレンジの過程であって、意欲がつづく限りマニアのオーディオに完成はない。だから欠点があればそれをテーマに、さらにチャレンジすればいい。それよりもぼくは、もちろんすべての人がとは言わないが、ときとして耳にする、音楽畑の人たちが自分のオーディオ装置で鳴らす再生音の粗末さに驚かされる。よくあんなにグレードの低い音を聴いて音楽が語れるものだと思う。でもこれは姿勢の違いであって、音楽だけを聴くためなら、あの程度でもそう問題はないということなのだろう。でもオーディオマニアは魅力ある再生音を、自分の手で生み出す行為が趣味の本質であって、音楽は第一義的には、その材料なのだ。

音楽ファンとオーディオマニアとの姿勢の違いは、演奏会での聴き方にも表われる。最近では席の大半をS席にする悪徳商法のような演奏会ばかりだが、音楽ファンの多くが好むのは2階正面のS席か、1階でも20列目あたりの中央。でもぼくは、このどちらも好みではない。第一に音源が遠すぎる。そのぶんホールの反射音の比率が高くなって明瞭度が損なわれ、楽器の実体感や演奏者の体温が感じられない。

機会あるごとにいろいろな席で目を閉じ音だけに神経を集中し、ぼくにとって最良の席を探ってみた。その結論と言えそうなのが前から5列目の中央である。ここなら文句なく音源に近いから音量の不足感もない。それに直接音がふんだんに聴けるので、一つひとつの楽器の明瞭度が高い。同時に演奏の暗騒音まで含めた実体感が伝わってくる。さらにオーケストラの左右の拡がりも奥行きも十分で音に立体感がある。

でもこれは要するに、ぼくが自分のオーディオに求めている再生に一番似た音が聴ける席ということでもある。生演奏で聴く音楽でさえも、再生音を自分で組み立てるオーディオの興味と無縁にしてはおけないのだ。これはけっしてぼくだけではないはず。だからあえて言う。コンサートホールでのオーディオマニアの指定席は、5列目の中央であると。

ところで去る3月11日は誰にとっても大変な日だった。あの災害で尊い命を失った方々も数知れず、心よりご冥福をお祈りするばかりだ。また幸い生命に別状なかったとしても、家財のすべてを失った人も多数おられるのだから、東京の我々がここであの震災の話を持ち出すのは、少々無神経とのご批判もあろうと思うが、お許しいただきたい。

東京でもあの地震は、関東大震災以来の大揺れだったに違いないが、我が家も含め家屋のほとんどは大きな損傷をうけることもなかった。しかし、ぼくのオーディオはかなりのダメージをうけた。

当日ぼくは車で都心に出向いていて、あの大揺れに遭遇した。携帯電話はまったく駄目で、30分ほどしてやっと通じた固定電話での女房が、まだ震える声で曰く、「家も私もヘンデル（愛犬のラブラドール）も大丈夫だけれど、2階のあなたのリスニングルームだけは目茶苦茶」と。

普段なら40分ほどの距離を渋滞で3時間近くもノロノロ運転して、我が家に着いたのはもう夕刻。2階の部屋に駆け上がって一瞬ぼくは息をのんだ。まさに足の踏み場もない。ラックに納めてあったり、その上に積み上げてあったりした数百枚のCDが、床にもテーブルにもプレーヤーの上にも山積み。そこにさらに棚やレコードケース上にあった小物類が乱れ飛んでいる。でもそれはまだいい。このごみ捨て場状態のあちこちに、中音ホーンの上に3段重ねしていた、合計6台のリボントゥイーターが、無残にも転がっているではないか。音を聴きながら位置を微調整するには、固定しないほうがいいと、単に積み重ねてあったのだから無理もない。「あゝッ」と声にならない声を出すだけで、ぼくは部屋の入り口にしゃがみ込んでしまった。

片付けるだけで数日はかかる。いまはどうにもならないから、すべて明日からと、立ち上がって部屋を出ようとしたのだが、転がっている6台のトゥイーターを、どうしてもそのままにしておけなかった。爪先立ちでもするかの感じで足の置き場を探しながら、トゥイーターを1台ずつ拾いレコードケースの上に並べた。アルミの筐体には何かとぶつかり合ったのか、いくつも傷がついているし、落下のショックでアルミ箔のリボンはすべて襞が伸び、磁界の外にはみ出している。

でもぼくは、並べた6台を見てほっとした。リボンはどれもヨレヨレになっているが、切れているのは1台もない。ああ、よかったと思った。と言って、この状態では鳴らすことはまったく不可能で張り替える以外にないのだから、リボンは無残にちぎれてしまったのと何ら違いはない。それを承知しながら、でもぼくは、よかったと思った。ひどい目にあわせてしまったが、でも血は出ていないのだから、と。

そして同時にいっぽうでは、この機会に、いままでどうしても出せなかったあの音に、今度こそ挑戦しようと、胸が高鳴るのを禁じ得なかったのだった。

（2011年夏）

東日本大震災直後のリスニングルーム(2011年3月)。　Photo:Isao Yanagisawa

BONUS TRACK

My Sound, My Record

弦と声

ぼくがクラシック曲に興味を抱くようになったのは、バロック音楽との出会いによってだ。それは、世の中にステレオLPが急速に拡がりはじめた頃で、そんな波に乗るかのように、以前はあまり知られていなかった海外レーベルのステレオ盤なども登場しはじめる。そしてそれらのレコードのいくつかは、まだ日本では馴染みが薄かったが、それだけに一層、新鮮味あふれるバロック音楽の調べを聴かせてくれた。

それ以前のぼくはと言うと、とくに音楽が好きというほどのこともなく、ときに聴くのはラジオのS盤アワーなどでの、アメリカ製ポピュラー曲程度だった。その後、兄の友人がそのラジオを改造してレコードを鳴らせるようにしてくれた。これに小さなプレーヤーをつないで、ともかくもLPレコードが聴けるようになった。でもぼくがレコード音楽に強い興味を抱くようになったのは、そのもっと後のステレオ時代になってからで、デザイン学校時代に知り合った瀬川冬樹氏の勧めによるものだ。

いま思えば、日本ではステレオソースの普及と、バロック音楽の普及が足並みを揃えていたように思う。それまで一般には、バロック音楽はあまり親しまれておらず、作曲家も、知られていたのは中学の教科書などに載っていた、バッハ、ヘンデル、ヴィヴァルディ程度。そしてステレオレコードの普及と足並みを揃え、まずこのヴィヴァルディが、例の協奏曲集『四季』や『調和の幻想』などで人気になる。この時代に日本ではバロック音楽ファンがどっと増えたが、ぼくもそんな一人だった。

ただ、多くの人がそれら後期バロックより以前にはあまり遡ろうとしなかったのに対し、なぜかぼくの好みは中期バロック、初期バロックと時代を逆行し、さらにルネッサンス音楽や中世ヨーロッパの音楽にも惹かれていった。もっとも、現在でもそうだが当時はなおさらで、ルネッサンスや中世の音楽となると演奏者も限られるし、レコーディングされるのもごくわずかで、海外レーベル（多くは見たこともないようなマイナーレーベル）をあさるしかなかった。

いまでもレコード棚の隅のほうに押し込んである当時の盤を見ると、『ERATO』『EMI』『DECCA』『ARCHIV』『DAS ALTE WERK』など知られた大手以外に『Hungaroton』『Qualiton』など東欧系のレーベルや、その他のレーベルを手当り次第に列記すれば、『Walois』『DA CAMERA』『ARCOPHON』『CHRISTOHORUS』『cycmus』『EVEREST』『HAYDON SOCIETY』『CANTATE』『argo』『musicaphon』……等々。曲は宗教曲や器楽曲のほか、ぼくは世俗曲がお気に入りで、デッカ盤の『ニューヨーク・プロ・ムジカ』や、ＥＭＩ盤の『シンタグマ・ムジクム』などの歌や演奏が、たまらなく好きだった。

ただし、大手レーベルのものは多くが録音も盤質もとくに問題はなかったが、東欧系や見たこともないようなマイナーレーベルの場合は、盤質も録音もかなりお粗末なのが普通で、とてもハイファイ再生用ソースとして通用するものではなかった。

瀬川さんに勧められ、ぼくにとって初のステレオシステムが完成したのは、たしか1964年だったと思うが、アンプはラックスの管球式プリメインアンプ『SQ5B』。プレーヤーは自作のキャビネットに、CECのアイドラー型ターンテーブル『FR250』と、オーディオテクニカのトーンアーム『AT1501』に、同社のMM型カートリッジ『AT3』を装着して組み込む。さらにスピーカーはその当時、16cm口径のフルレンジ型として人気のあった、パイオニアの『PE16』を、これも自作の箱に入れたものだ。

この特集『My Sound, My Record』でのぼくが挙げる『My Record』は、もうお分かりと思うが弦楽器と歌が中心になる。ぼくはそれらを、オーディオのソースとして好きになったのではなく、ぼくにとってのオーディオとは、そもそも弦楽器と歌を心地よく聴くためのものだったのだから。ただし、今回ここに挙げる曲は、ルネッサンスや中世の音楽ではない。でそれらはどうなったのかと言えば、前記のようにレコード棚の隅に押し込まれている。でも嫌いになったのではない。卒業したとでも言うのがいいか。

いや、それも違うか。それより、ぼくの心の中での趣味のバランスが、音楽よりオーディオのほうに少しずつ傾きはじめたからだ。それに従い、それらの音楽の演奏者層の乏しさや、加えて、あまり質の高くないマイナーレーベル盤を中心にせざるを得ないなど、オーディオ用ソースとしては食い足りない面を感じはじめたわけだ。その結果まるでぼくは、その時点からUターンするかのように、中世の音楽からルネッサンス、初期バロック、中期、後期、そして古典派にまでたどり着いた。そしてさらに、オーディオへの興味がつのりシステムが進化するにしたがい、その成果をより明らかに楽しませる音楽をもとめ、ロマン派、そして近代へと、音楽の時代を駆け下りてきた。ただし、どの時代の音楽であろうとも核になるのは弦楽器と歌。弦はソロやソナタに限るのではなく、アンサンブルやオーケストラとの協奏曲も。それに歌もドイツリートに代表されるような歌曲に限らず、カンタータなど宗教曲のアリアや合唱のほか、もちろんオペラのアリアや重唱曲も大歓迎。

そこで問題の『My Record』だが、編集部からの原稿依頼書には『1枚』とあり、ただしその後に括弧付きで（とは限りませんが）とある。そうだろう。『PE16』の当時なら1枚のレコードだけを挙げることもできただろうが、あれから半世紀。オーディオに取り組む姿勢も大きく変り、それに呼応して音楽の時代を駆け下り、さすがに現代音楽にまでは未だに踏み込めず、また、中世やルネッサンスの音楽は、前記のような理由で『卒業』したものの、バロックから近代まではは完全にぼくの好みのテリトリーだ。この中からたとえ弦と歌に絞ったところで、1枚や2枚になるはずがない。しかもアナログ盤もあればCDもある。括弧でくくられた（とは限りませんが）が、何枚までよしとする意味かは分からないが、これぐらいまでならいいとの意味だろうと勝手に解釈し、別掲のように、アナログレコード2点、CD4点の、計6タイトルを選び出した。

ぼくはよく、オーディオを存分に楽しもうとするからには、わずかでも再生の難しいプログラムソースを選んで欲しいと言う。ただし『再生の難しい』を『質の悪い』と混同されては困る。質は申し分なく高く、しかし再生が難しいソースのことで、言い替えれば『情報量が多いがゆえに再生が難しい』ソースのことだ。

ともすると情報量の多いソース＝いい音のソースと短絡しがちだが、そう簡単にはゆかない。たしかに情報量が多いことは、いい音を聴かせる可能性が大きいことではあるが、同時に、その情報量を完全に消化しきれなければ、逆にいやな音になってしまう危険性も持っていることになる。極端な例だが、情報量ゼロのソースがあったとしよう。何の音も入っていない無音のソースだ。これなら再生といっても音を出さなくていいのだから、失敗はほとんどない。あるのは、残留ノイズの量の問題程度だ。

情報量の多いソースはこの逆で、完璧に再生すれば素晴らしい結果が得られるが、システムが対応しきれないと失敗の可能性も大で、その場合には耳を刺す鋭さとか硬さ、冷たさ、鈍さ、濁り等々、聴きたくない音がそこここに顔を出すことになる。その危険を感じながら挑戦し、失敗なく見事な再生を達成したとき、心から『ああ、いい音だ！』の感動に浸ることができる。これこそオーディオの真の楽しさではないか。ラジカセ程度のもので鳴らしても、あるいは本格的なオーディオシステムで鳴らしても、それほど違いの感じられないような、いわゆる鳴らし易いソースなど、オーディオマニアたる者が手にすべきではない。

この情報量との関係においても言えることだが、ぼくの好きな弦と歌は、プログラムソースの中でももっとも再生の難しい部類だが、中でも今回ここに挙げた6タイトルは、ことに難しいものだ。

弦楽器でも、ヴァイオリンに代表されるような2本の弦を擦り合せて音を出す楽器は、もともとは擦り合った2本の糸が発するギシギシといった軋み音、すなわちノイズだ。おそらく太古の人達はそんな軋み音の中に、わずかに、甘く心に響く音があることに気付いたのだろう。以来、人類は何千年だか何万年だかをかけ、その美音を大切に育み、ついに到達したのが現在の弦楽器に違いないと思う。

それだけに素人が弾いたのでは、たちまち先祖の軋み音が顔を覗かせ、まともな音を出すだけでも容易でない。これは演奏ばかりでなくレコーディングにも言えるようで、素晴しい演奏は数多くあるにしても、弦楽器の曲はなかなか情報量たっぷりの優秀録音に巡り合えない。しかもさらに、たとえ名演・名録音のディスクであっても、今度は再生システムでの情報処理能力が足りないと、同様に先祖の嫌な軋み音をさらけ出してしまう。

これは歌も同様だ。演奏さえ難しい様々な楽器とは違い、人間の声なのだから再生がそう難しいはずなどないと思いがちだが、違う。人間の身体と発声器官を楽器に匹敵するほどに鍛え、磨き上げ、そこに、育んだ高度な歌唱のテクニックや桁はずれた声量が加わるのだから、もはや並みの人の声とは次元が異なる。それでいて、まぎれもなく生きた人間の声であり、そう再生されなくては我慢できないだけに、難しい。

もちろんここで言う歌とはクラシック曲の歌のことで、マイクロフォンなしでは声も出ないようなポピュラー系の歌とは意味が違う。口先だけの声を近接マイクで録ったあの種の歌からは、ぼくは人の声を感じることができない。単にマイクロフォンのダイアフラムの音を感じるだけだ。当然、人の声としての肉感も、それに声量もないから再生の難しさもない。すなわち情報量が少ないのだ。

半世紀も前になるが、前記した『PE16』の後、当時ぼくが鳴らしていたアルテック製『パンケーキ（755E）』一発のシステムは、しばらくの間はその暖かいナローレンジの心地よさを楽しませ、ぼくのオーディオはハイファイではなくローファイなのだ、などと言っていた憶えがある。だが次第に、そのナローレンジが気に入らなくなる。

それはたしかに、弦も声も鋭さや硬さや冷たさがなく、柔軟でマイルドで気持ちのいい再生ではあった。それも中世やルネッサンス音楽なら大半はレコーディングがローファイで、盤質も良くないし、それに音楽自体もマイルドな再生が似合う傾向が多く、それでいいという感じはあった。だがバロック物も中期から後期、さらに古典派などになってくると、たとえレコーディングや盤質が上等だったとしても、パンケーキ一発のナローレンジではどれを聴いてもBGMのようになり、音楽の気迫や演奏の生気、そしてそれらが生み出す特有の緊張感などが伝わってこない。もちろん単に帯域だけの問題ではないわけだが、象徴的なのはやはりナローレンジだった。

ぼくのシステム遍歴を語りはじめると文字数がたちまち不足になるので、細かい話は一切省略するが、概略だけ言えば、まず前記したパンケーキの下にウーファーが加わって2ウェイになり、次にトゥイーターをプラスして3ウェイになる。それを当初はネットワークでつないでいたが、マルチアンプ方式が流行しはじめた時代でもあったことから、やはりマルチアンプでなくてはとなる。当然アンプもつぎつぎに替わり、プレーヤーもカートリッジもそれに従う。このあたりまででオーディオのスタートから10年弱か。パンケーキはこの間に箱を造り直したりもしたが、でも、ずいぶん長く使ったわけだ。

その反動もあって、この後ぼくのシステムは一変する。いくら3ウェイにしてもマルチアンプにしても、さらにトゥイーターやウーファーを替えても、サウンドはほんのりと暖かくてマイルドな傾向から抜けられなかった。でも、やっとそれがパンケーキゆえと気が付く。その結果、すでに使っていたアルテックの38㎝口径ウーファー『416A』だけは残したが、あとは中域をホーン型としトゥイーターはリボン型に。すなわち現在のシステムの原型がこのときにできた。すでに35～36年も前のことだ。

再生したヴァイオリンの音に、耳を刺すような鋭さや硬さがあったのではたまらない。だからと言ってただほんのりと暖かく甘く、トロンと耳当りのいい音ではBGMサウンドだ。欲しいのはそれではなく、熟達の腕にエネルギーを込めたボウイングが聴かせる、俊敏な音の切れ込みや張り。もちろん同時に官能的な艶やかさや甘美な音の膨らみ。それに粘るような音のつながりやうねりも欠かせないが、それのみでは演奏の気迫や生気が伝わってこないし、音楽の緊張感も生まれない。

中域用をホーン型に替えた理由はそれだった。エンクロージュアの鳴りはヴァイオリンの胴の膨らみ感には好ましかったかもしれないが、もっと透明で俊敏で切れ込みのいい、この楽器ならではのリアルな気迫や緊張感は聴かせてくれない。それにはエンクロージュアなど必要としないホーン型以外にない。そのホーン型も、当初のアルテック『804A』ドライバー+『811B』ホーンから、TAD『TD4001』+『TH4001』にチェンジしたりしたが、ぼくのシステムの中での役割も期待も変ることはなかった。現在ではその期待に沿い、ピンと張った弦がボウのエネルギーにより激しい回転振動となって生み出す、透明で俊敏で切れ込みのいい、生きたヴァイオリンの音を聴くことができる。

だがぼくはヴァイオリン好きの人に、中域をホーン型にしなさいとはけっして言わない。たしかに前記のような部分ではホーン型をうまく使うことが魅力なのだが、同時にホーン型はヴァイオリンの再生に好ましくない面も持ち合せているからだ。というのもホーン型はどうしても指向性が強い。このため拡がる音より、あまり拡がらずに直進する音のほうが得意。だからもっとも似合うのは形も似ている金管楽器である。

ただしヴァイオリンの場合でも、前記のようなエネルギッシュなボウイングが生み出すその直接音は、ホーン型の音の直進性で損なわれたりせず、むしろ生き生きとした生命感をダイレクトに伝えてくれる。だが問題は膨らみのある胴鳴りの音で、これがバランスよくともなわないと、例の嫌な軋み音の鋭さや硬さが現われかねない。ではどうすればいいのかと問われても『うまくやるしかない』としか答えられない。ぼくも、そこに拘って30年以上もチャレンジをつづけ最近になってやっと、『これでいいのでは?』と思える再生が増えてきたというのが現実。だから安易に人にすすめる気にはなれないのだ。もっともオーディオとは不思議なもので、カリカリしながらチャレンジをつづけているときがもっとも楽しく、よし出来上がったなどと思った途端に、妙につまらなくなったりするものでもあることを、知っておいて欲しい。

『My Record』ではアナログとCDで計3タイトルの弦楽器曲を挙げているが、その中でとくにチャレンジし甲斐のあるのが、ブダペスト四重奏団による『ベートーヴェン：初期弦楽四重奏曲集（第1番～第6番・作品18）』と、神尾真由子の『パガニーニ：24のカプリース』。ベートーヴェンはステレオ初期のアナログ盤。パガニーニは2009年録音のCD。もちろんどちらも、ただトロンと暖かく甘く聴くだけなら難しくはない。だが度々申し上げているような生命感をともなう再生となると容易ではない。中には録音が悪いと決め込まれる方が居られるかもしれないが、そうではない。いや、実際のところぼくもベートーヴェンの4番など、録音が古いこともあり、以前はそう思っていたのだが、でもときに得難い艶やかさが垣間見えたりし、諦めきれない何かを感じさせていた。それが現在では鬼気迫るばかりの気迫に富んだこの演奏に、鮮度や濃密さを格段に増した官能的な色つやのよさが絡まり、もはや欠かせない愛聴盤になっている。

逆にパガニーニはごく最近の録音だけに情報量は十分で、若いエネルギーと優れた感性で奏でる超絶の演奏が凄い。その凄さをわずかも緩めることなく、しかも耳を刺す鋭さには絶対に陥らず、生命力に富んだ若々しい演奏の息吹として再生することが大切。システムの能力が足りないと、相当に鋭く輝きの強すぎる音になりかねないが、それを聴いて、このディスクは駄目と決めるのは未熟者だ。

ソロではないが『シベリウス：ヴァイオリン協奏曲・他』のＣＤも、ギル・シャハムが弾くヴァイオリンに関しては同じことが言える。シャハムの演奏も、かつて、ぼくの心の中に育ったヴァイオリンの、官能的な濃密さを聴かせながらも、常にいっぽうではキリッとした姿勢と輪郭のいい端正な音色を崩さない魅力が、生き生きと感じられるから。ぼくはそれを心地よく再生したいのだ。

ぼくにとって、魅力的な再生のポイントは弦楽器も歌も共通している。だから中域をホーン型にし、同じ頃に高域用もリボン型になり、その基本形が現在までつづいているのも、前記のようなヴァイオリン再生のためのみでなく、それが同時に歌の再生にも好ましいものだったからに他ならない。

どんな楽器にも言えることだし、それに声も、昔のように音楽がプライベートな空間に近い広さで演奏されるのならいいが、現在のように大ホールが常識となると、まず何よりも十分な音量が必須となる。だから現在では優れた楽器の第一条件は大きな音が出せることだ。そのてんは声も同じで、名歌手の声量は常人の比ではない。

歌の再生が難しい理由の一つはそれ。

いくら声量豊かといっても、例えばソプラノなら女の人だし……、などと侮ってはいけない。けっして大声を出している印象ではなくも再生には相当なエネルギーを要する。もしそれが乏しいと、望ましい声の厚みや柔軟な伸びやかさが得られず、弾力性に欠けた不自然な硬さになり、表現は貧弱になってウェットな肉感どころか、ついにはドライな声を絶叫するように張り上げてしまう。これは最悪であるが、でも、けっして例外的なことではない。

エネルギーを要すると言っても、単にアンプのパワーだけのことではない。聴く者の身体に実感されるエネルギーで、そのてんではホーン型の中域が好ましい結果を生み易い。一つには声それぞれの質感がダイレクトに伝わってくるし、音の直進性も人の声に似つかわしいものだ。それに多くの場合、中域ホーンの帯域はほぼ人の声の帯域と重なる。しかも良質なホーン型はしっかりした音の芯をもっていて、これは声の凛とした佇まいや輪郭感、音像感などのリアリティを高めてくれる。

ただし、声の再生に欠かせないのは、同時に人の声ならではのウェットな肉感と、人肌の暖かさや柔軟さ。加えて濡れた唇の奥からシュッと漏れる子音や、歌いまわしのこまやかなニュアンス。そこに、楽器の音にはあり得ない、生きた人間の温もりや息づきを感じたいのだ。それには中域ホーンの上下に、どんな音色や質感のユニットを、どんなバランスで組み合せるかがキーになるのは、言うまでもないことだ。ぼくの場合はその結論が、使い慣れたアルテックのウーファーであり、また振動板面積の広いリボントゥイーターということになる。

ここに掲げた歌物3タイトルのうち、まったく苦もなく再生できるようでいて、じつはもっとも奥が深く、そこに至るのがもっとも難しいのは、2003年に録音されたコントラルトのナタリー・シュトゥッツマンが歌う、『シューベルト：歌曲集《冬の旅》』のCDと思う。どう鳴らしても別に破綻はきたさないのだ。でも再生に前記のような要素がともなわなくては、少しも面白くない。しかし、このしめやかな歌いまわしの中に、彼女だけがもつ意志の強さが感じとれ、しかも、うねるような音のつながりに誘われ、不思議な空間に吸い込まれるかの境地を得たとき、この歌の素晴しさが心に染みる。まだ買える盤だから、ぜひ挑戦して欲しい。

2008年録音のCDでメッゾソプラノのフォン・オッターが歌う『バッハ：アリア集』も、再生し甲斐のある1枚だ。これも、場合によってはフォルテで伸びきれない硬さを感じさせかねないが、それ以外にはとくに難しさもないと思われるかもしれない。しかしこのディスクの醍醐味は、たとえバッハのカンタータであろうとも、そこに秘められたオッターの芳しい色気と肉感を、ジワッと滲み出させることだ。また、ソプラノとの二重唱が聴かせる、人の声以外にはあり得ない、ハーモニーに表われるドキッとするような生き物の気配。『再生しきれた！』との悦びを実感させるものだ。ちなみに、これもまだ買える盤だ。

アナログの『歌物この一枚』も1枚では済まないのだが、悩んだすえにヴェルディの歌劇『椿姫』とした。カルロス・クライバーの指揮で、ヴィオレッタがソプラノのイレアーナ・コトルバス。アルフレードがテノールのプラシド・ドミンゴ。ジェルモンがバリトンのシェリル・ミルンズという豪華キャストだ。当然、一番人気はドミンゴだが、ぼくがよく聴くのは第2幕の、ドミンゴ抜きで延々20分近くも続くミルンズとコトルバスの二重唱。体格のいいミルンズの役柄らしさの再生には、ここでも存分のエネルギーが必要だ。それに恋する女コトルバスにはウェットな質感と柔軟な感触が欠かせない。そしてお涙頂戴の最後をむすぶ『アッディオ、アッディオ』のデュエットが終わると、いつもハッと我にかえったかのようにピックアップを上げるのだった。

（２０１２年夏）

ベートーヴェン：初期弦楽四重奏曲集（第 1 番～第 6 番・作品 18）
ブダペスト弦楽四重奏団
（Columbia）　※録音：1958 年

パガニーニ：24 のカプリース
神尾真由子（vn）
（RCA/BMG）　※録音：2009 年

シューベルト：歌曲集「冬の旅」
ナタリー・シュトゥッツマン（コントラルト）
インゲル・ゼーデルグレン（p）
（Calliope） ※録音：2003 年

バック・トゥ・バッハ～J.S. バッハ・アリア集
アンネ・ソフィー・フォン・オッター（Ms）
ラース・ウルリク・モルテンセン指揮コンチェルト・コペンハーゲン
（Archiv） ※録音：2008 年

BONUS TRACK

私のオーディオ名盤「10選」

必聴のオーディオ名盤

この特集のテーマである「オーディオ名盤」に関しては、先に記した「序文」中においても、その考え方の一部などに触れていることを、はじめに申し上げておきたい。

ところで、ぼくのオーディオのスタートは割合に遅かったのだが、その遅いスタートもすでに50年以上も前の話になる。したがって現在では珍品化した当時のレコードも手元にあるし、それに雑誌と関わるようになってからは、購入盤以外にサンプル盤も加わるなどで、現在持っているプログラムソースの総数は自分でも不明。

それらの盤は、入手後しばらくはぼくの部屋に積み重ねられ、気分に任せて適当に聴いてゆく。それを気に入った順にAからCまでの3ランクに分け、BとCは他の部屋に押し込む。こうして残ったAランクの盤だけが、ぼくの部屋に納まることになるわけだが、これが現在のところおよその見当で、アナログレコードが1000枚前後とCDが2000枚程度。トータルで3000枚前後だろうと思う。

ただし、このすべてがぼくにとっての「オーディオ名盤」ではない。しかし50数年もの間に、肉親以上に気心の知れた仲になった盤も少なくないし、逆に最近発売されたレコードなどの中にも、これは常に身近に置きたいと思うものもある。それらの総数をざっと頭に描いただけでも、およそ1000枚弱。それをさらに頭の中で300枚ほどに絞り込んだ。これらが、愛聴盤であるばかりではなく、事ある度にスッと手を伸ばして鳴らす、ぼくにとっての「オーディオ名盤」なのである。

しかし、ここで要求されているのはわずか10枚だ。でも、ぼくの３００枚ほどのオーディオ名盤の中には、特別なトップ10などはない。したがってここに掲げた10枚はトップ10ではなく、「この傾向の盤はこれに代表させることにしよう」と決めた、代表例と受け取って欲しい。

常に重視するのは「人の声」

ぼくが聴くのは70〜80%がクラシックでジャズが20%前後。あとの数%がその他の曲だ。だからジャズは10枚中2枚挙がっていいのだが、結果はローズマリー・クルーニーが得意のバラードを満喫させる『シングス・バラッズ』(コンコード)、この1枚だけ。理由はクラシック曲を8枚に絞ることができなかったからだ。

この盤はデジタル時代に入った１９８５年の録音だが、収録はアナログ。ぼくはＬＰレコードも持っているが、多用するのがこのキングレコード製ＣＤなので、これを選んだ。多用するのがＣＤなのは各地での講演などにも持ち歩き、システムの調整などに利用するからだ。

重要なチェックポイントは、彼女の声の柔軟な肉声感とウェットな人肌感の、魅力的な再生。しかもロージーの声は単に甘ったるいのではなく、十分な声量とともに明瞭な発音をともなう、特有の心地よさを味わわせるものだ。したがって妙に子音が強調されたり、発音の自然な明瞭さが伝わらなかったときなどは、再生に何らかの問題ありと考えていい。ことに張りを強めがちな再生傾向には敏感で、ロージーの官能的な歌唱の魅力が、まったくかき消されてしまう。

ぼくのオーディオで常に重視するのが声だ。前掲のジャズもヴォーカルだったように、クラシックもまず声楽曲で最初はシューベルトの『3大歌曲集(《冬の旅》《美しき水車小屋の娘》《白鳥の歌》)』(エラート)。これらは一般には男声曲とされているが、女声の例もあって、ここではコントラルトのナタリー・シュトゥッツマンが歌う。

2003年に録音の「冬の旅」をはじめ、オリジナルはすべて「カリオペ」盤だが、このアルバムは2014年に3作品を一巻にして発売した、エラート製のリマスタリング盤。その中から「冬の旅」を中心に聴いている。

彼女の歌はきわめて表現の奥行きが深く表情も多彩で、神秘的とも称したい特有の世界を繰り広げ、その中に吸い込まれたいと思いたくさえなるほどだ。しかも、そんな魅惑的な世界を垣間見せる印象は当初の再生からあるのだが、実際にその領域に至るのは容易ではない。悪戦苦闘を強いられる覚悟が必要である。

また聴き逃してはならないのが、インゲル・ゼーデルグレンによる伴奏ピアノの素晴らしさだ。歌の再生が魅力を増すにしたがい、このピアノの存在がますます大きくなってゆく。

男声ヴォーカルはバス・バリトンのブリン・ターフェルが歌う、誰もが知っている『スカボロー・フェア～イギリス諸島の歌』（ドイツ・グラモフォン）だ。堂々たる巨漢ぶりのターフェルだけに、存分の声量や重量感に富んだ肉厚な声の魅力を、心ゆくまで堪能したいディスク。また曲によってロンドン・ヴォイセスの男声コーラスも加わるのだが、この分厚いコーラスとターフェルとの巧みな一体感や、濁りなく解像度の高い再生がチャレンジ甲斐のあるところ。

さらに「ダニー・ボーイ」では、ポピュラー歌手のローナン・キーティングがターフェルとデュエットを展開。発声法も声量も異なるだけに、ターフェルはトーンを落としてキーティングに合わせているが、そこにもターフェルの巨漢ぶりが感じられる再生でありたい。ともすると目一杯に声を張り上げている、キーティングのほうが声量豊かに思える再生になりがちだが、それではこのデュエットの味にならない。

オペラの聴きどころはまずアリアと思いがちだが、この『プッチーニ：歌劇《トゥーランドット》／アンドレア・バッティストーニ指揮東京フィルハーモニー管弦楽団、他』（DENON）

は違う。アリアがないわけではないが、それより全編に溢れる大編成の合唱や、テンポのいい重唱曲が聴きどころと言ってもいい。録音はライヴなのだが、演奏はサントリーホールでのコンサート形式なので、楽器群や合唱団、それにソリスト達の音像もしっかり捉えられていて、オーディオ再生には理想的。

ではあっても、熱気溢れるオーケストラの演奏に重なる、児童合唱団まで含めた大合唱や、早口言葉のようなコミカル重唱の再生は、そうイージーではない。わずかな混濁感も許さない、システムの完璧さが要求される。それだけに、たとえある程度まではあっても、一応、思いどおりに近い再生を達成した暁には、計りしれないほどの喜びを噛みしめることができる。

声と同じぐらい再生難易度の高いヴァイオリン

ディスクで再生難易度が高いのは、まず前記のような人の声であり、楽器ではヴァイオリンだとぼくは思う。しかも声や弦楽器類は録音も相当に難しいようで、しっかり録られ、かつ魅力的な録音の盤に巡り合うのさえ容易ではない。

神尾真由子がまだデビュー早々だった2009年に録音したこの『パガニーニ：24のカプ

リース』（RCA）は、そんな条件を備えた得難いプログラムソースと言えるものだ。この曲は神尾の若々しいエネルギーと高度な技巧を、積極的に発揮させるのにふさわしい。しかも同時にそこに、単なる若々しさを超えた、円熟感さえ意識させる演奏ぶりにも魅せられる。

ただし再生の難易度は極めて高い。ことに強奏での緊張感に満ちたボウイングを、緩めることなく、かつ鋭さや硬さにはせず、この楽器ならではの官能的な艶やかさや、倍音の漂いなどを聴かせなくてはならない。これには特に、各スピーカーユニット間の音のつながりが問われる。

弦楽四重奏は、弦楽器の録音や再生の難しさを集約したようなもので、盤の選び甲斐もあるし、再生へのチャレンジ甲斐もあるプログラムソースだ。ここで選んだのは演奏にも録音にも賛否両論が絶えない、１９５８年のステレオ収録によるブダペスト弦楽四重奏団の『ベートーヴェン：初期弦楽四重奏曲集（第1番〜第6番）』。たしか１９６７年ごろに購入した、オリジナルの米コロンビア製ステレオＬＰだ。

実はその当時は、ぼく自身もこの録音や演奏は失格と思ったりしていた。音はコチコチで鋭く、演奏は無表情で歌うこともないからだ。しかし不思議なことに何処か捨てがたいものがあり、ことあるごとにもっとも頑固な第4番を我慢して聴きつづけた。以来50年。わずかずつ鋭さも硬さも、それに無表情な演奏も影を潜めはじめ、それに代わり潤いのある艶やかな音色や、息の合った豊かな演奏の表情を見せはじめた。ぼくのシステムが着実に完成度を高めていった証だ。

現在の我が家では、演奏のゆるぎなく凛とした佇まいもさらに磨き上げられ、格調高い緊張感を味わわせる見事な弦楽四重奏になっている。

変人とも天才とも称されたグレン・グールドが、1981年に初期の三菱製PCM機でデジタル録音したアナログLP盤『J・S・バッハ：ゴールドベルク変奏曲』(CBSソニー)。ヤマハ製のピアノを好んだグールドが、スタジオにヤマハCFモデルを運び込ませ、例のハミングを聴かせながらの、個性あふれる演奏だ。ことに冒頭のアリアでの、ハミングが漂う豊かな空間感と、ヤマハピアノならではの清楚で透明な響きは、オーディオシステムの完成度を厳しく問うものがある。

実際には、初期のデジタル録音は大入力時の飽和を恐れ録音レベルを抑えていたので、けっして高S／N録音ではない。しかし、この演奏の魅力と豊かな空間感を見事に再生したとき、ジーンと心に沁みるような、格別な静けさを味わわせるのである。

チェック項目の異なる3つのオーケストラ曲

オーケストラ曲は傾向の異なるものを3枚選んだ。ただしこの曲、『サン＝サーンス：交響曲第3番「オルガン」／エド・デ・ワールト指揮サンフランシスコ交響楽団、他』（フィリップス）はオルガン付きなので、パイプオルガンの低音再生を意識した選択でもある。収録は1984年のサンフランシスコ、ディヴィス・ホールにおけるデジタル録音。

ぼくがシステムのチェックなどによく使うのは、第1楽章から切れ目なしでつづくが、事実上は第2楽章とみなしていいポコ・アダージョの部分。全体で10分弱の緩徐楽章で、優雅なオーケストラの音のうねりをオルガンの低音が支えている。再生では当然そのオルガンの鳴り方が問題になり、それによってはオーケストラの表情まで異なってしまう。

この録音はその低音を、軽やかだが分厚く、かつ音階をしっかり捉えているのがいい。ぼくの狙いはこの低音の厚さを損なわずにより拡がりを持たせることで、しなやかなオーケストラの演奏を、中空に浮き上がらせるような印象の再生だ。オーディオの難題である低音再生がポイントになるだけに、そう簡単に思いどおりに鳴ってはくれない。

『マンフレッド交響曲／ズデニェク・マーツァル指揮チェコ・フィルハーモニー管弦楽団』（エクストン）はチャイコフスキーの1番から6番までには入らない表題音楽の交響曲だが、作品としての評価はやや低いと見做される例もある。だがぼくはこの曲が好きで、ことにオーケストラ曲における「オーディオ名盤」的な要素を、曲そのものが備えていると思っている。

中でもマーツァル指揮のこの演奏が、その意味でも極上。オーケストラ曲の魅力の一つは、多彩な楽器の音色が重なり合って醸し出す、芳しくかつ濃厚な響きに包み込まれる快感。その音の波動が、ときには大きなエネルギーとなり、またときには揺り籠をゆらすそよ風のような優しさとなって聴く者を酔わせる。ぼくがこの曲に抱くオーディオソースとしての魅力に、あたかも焦点を合わせたかのような演奏ぶりなのだ。

同じことは曲や演奏のみでなく、レコーディングの巧みな手腕にも言える。そのてんからもこのディスクは、オーディオマニア必携のオーケストラ盤と言っていいだろう。

最後は、鬼才と呼ぶのが実に似合う指揮者テオドール・クルレンツィスが、手兵のピリオド楽器オーケストラ「ムジカエテルナ」を振っての、ダイナミックかつエキゾチックな『ストラヴィンスキー：バレエ「春の祭典」』(ソニー)だ。

まず、この演奏の圧倒的な躍動感を、存分に発揮させるのが容易ではない。しかもそこにピリオド楽器ならではの特有の感触が現われなくては、この演奏の意味がなくなる。強奏でのトゥッティのみでなく、それぞれの楽器が濃厚な色彩を発しながら奏でる、その一つひとつの音のリアリティをこころゆくまで味わいたいのだ。

そうした意味では同じオーケストラ曲でも、前掲のチャイコフスキーとは、「オーディオ名盤」としての役割が少し異なる。チャイコフスキーは思いどおりに再生できても、このストラヴィンスキーはそうはゆかないこともある。もちろんこの逆もまた、あり得るのだが。

（２０１６年夏）

あとがき

本文中でも申し上げたように、ぼくのオーディオのスタートは1964年。以来2019年夏までの五十五年間にわたる、ぼくのオーディオのあれこれを、けっして必死に思い出すのではなく、ただ頭の中のスクリーンに「フッ」と映し出される情景を、時代順に並べて文字にしたのが本書だ。いや、一つ大切なことを言い忘れた。そのスクリーンに現われるのは映像のみでなく、サウンド付きであるということ。

それも、かなりのハイクォリティ・サウンドなのだ。ことに、何かある一つの出来事にかかわるような音に関しては、相当なハイクォリティぶりである。例えば新宿の事務所で、ぼくの手造りシステムの鳴らし初めをしたときの音とか、あるいは我が家で、グニャグニャになったカンチレバーを伸ばして聴いたときの音。それにまたは、何か次々に機器を買い替えたときの、緊張した耳に聴こえた第一声、などなどである。

もちろん、そんな一瞬の出来事のような場合に限るのではない。何日か、何ヵ月か、あるいは何年かにわたり、わずかでもサウンドを自分好みに磨き上げようと取り組んだ、その折々の音も、スクリーンの映像とともに頭の中に浮かび上がってくる。だが当然ながらそんな場合は、すべてがいい音だったりはしない。むしろ欠点ばかりがクローズアップされるような感すらある。どうも、好ましいと感じたときの音の記憶より、あまり好ましくないと思ったときの音のほうが、より鮮明に記憶が蘇るのかもしれない。

もっとも、だからオーディオは、いつまでも長続きのする趣味たり得るのではないか、とも思える。だってそうだろう。記憶に残る過去のサウンドがいずれも素晴らしい音だったとしたら、歯をくいしばって一歩でも自分の音を前進させようなどという気持ちには、なれないのではないだろうか。

もちろん過去のサウンドの中に、「いい音だった」との記憶で蘇るケースがないわけではない。だが不思議なことにその再現クォリティは、好ましくない音の場合より数ランク下がるのである。好ましくない音の場合、ときには昨日のことでもあるかのように、その嫌な音の鳴り方をきわめて具体的に再現する。それに対して「いい音だった」の記憶として蘇る場合は、ときに苛立ちを感じるほど抽象的で具体性に乏しいのだ。「確かあのとき、何となく身体が暖まるような音の感触を、体験したような気がする」といった程度にだ。

だからオーディオは、けっして後戻りしようという気持ちにはなれない。頭の中にあるのは、常に鮮明に蘇る過去の失敗例が聴かせた好ましからざるサウンドから、一歩でも遠ざかることだ。すなわち、前進を続ける以外に手段はないのだ。

今回、本書の原稿を改めて読み返してみて、五十数年にもわたり、俗に「泥沼」とも称されるオーディオの世界から、けっして抜け出そうとなどしないばかりか、自らその深みに向かい続けてきたことの理由が、やっと解けたように思えた。すなわち、オーディオマニアの世界に後戻りはあり得ない。あるのは前進のみである。もう本書のようなかたちでお伝えできる機会はないと思うが、ぼくのオーディオはその後も、この前進のために喘ぎ続けていると、お伝えしておきたい。

なお、連載原稿「ぼくのオーディオ回想」の単行本化にあたり、多大なご努力とご支援をいただいた、季刊ステレオサウンド誌編集長・染谷一氏。ステレオサウンド社社長・原田知幸氏。および同社会長・原田勳氏をはじめとする関係各位に、心より御礼申し上げます。

2020年2月　東京都練馬区の自宅にて

柳沢功力

初出一覧

ぼくのオーディオ回想　季刊「ステレオサウンド」203号（2017年6月）～213号（2019年12月）

オーディオマニアの本質　季刊「ステレオサウンド」179号（2011年6月）

マイサウンド、マイレコード～弦と声　季刊「ステレオサウンド」183号（2012年6月）

私のオーディオ名盤「10選」　季刊「ステレオサウンド」199号（2016年6月）

著者略歴

柳沢功力（やなぎさわ いさお）

1938年東京生まれ。桑沢デザイン研究所卒業後の1962年、デザイン事務所を設立。1967年にデザイン事務所を解散し、フリーランスのデザイナーとして独立する。主にグラフィック・デザインを中心としながらも、インダストリアル・デザインにおいても、フィデリティ・リサーチのFR54、FR64Sトーンアームなどの設計／意匠を手掛ける。1968年よりステレオサウンド誌に原稿の執筆を開始、オーディオ評論の世界へ。1976年「世界のステレオ」（朝日新聞社刊）では編集責任を担う。ステレオサウンド誌が実施してきたすべての年度賞（「ステート・オブ・ジ・アート」「コンポーネント・オブ・ザ・イヤー」「ステレオサウンドグランプリ」）で選考委員に就き、2012年度から2018年度までの「ステレオサウンドグランプリ」では選考委員長を務めた。1980年に転居した東京都練馬区において、現在もオーディオに熱中。

再生悦楽

ぼくのオーディオ回想

2020年3月31日初版発行

著者　柳沢功力

発行者　原田 勳

発行所　株式会社ステレオサウンド
〒158-0098　東京都世田谷区上用賀5-12-11
電話03（5716）3131（販売部直通）
https://online.stereosound.co.jp/

印刷・製本　奥村印刷株式会社

ISBN 978-4-88073-444-6　Printed in Japan

乱丁・落丁本は小社販売部宛にお送りください。
送料小社負担にてお取り替えいたします。
定価はカバーに表示してあります。